BABY'S CROCHET
BEST SELECTION

亲亲宝贝装精选集

日本美创出版社　编著

何凝一　译

青岛出版社
QINGDAO PUBLISHING HOUSE

目录

第 2 部分 ······ p.48

帽子&围巾

第 3 部分 ······ p.64

襁褓

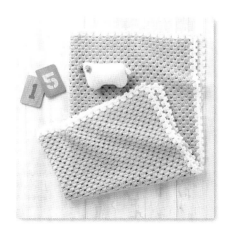

重点教程

12 15 19　婴儿鞋

0~12个月　编织方法 …… p.19

鞋尖部分（主体钩织起点）的钩织方法、从中心开始钩织圆环（用线头制作圆环）

※ 看着1~8行的正面，往同一方向钩织。

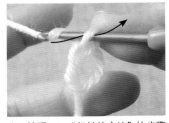

1. 按照p.92"起针的方法"的步骤1~3钩织，接着在针尖挂线，钩织1针立起的锁针。

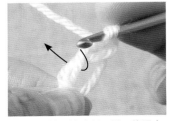

2. 钩针按照箭头所示插入线圈中，针尖挂线后引拔抽出。

引拔抽出线

3. 再次在针尖挂线，引拔抽出。钩织完成1针短针。

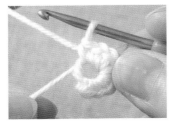

4. 在圆环中钩织8针短针后，再拉紧线头，缩小线圈。

5. 钩针插入最初的短针头针（2根横线）中，挂线后引拔抽出。第1行钩织完成。（右上小图）

6. 第2~8行按照记号图仔细加针钩织。鞋尖侧第8行钩织完成如图。

侧面部分的钩织方法、往复钩织

※ 第1~9行的奇数行看着反面钩织，偶数行看着正面钩织。

3针

1. 第1行看着反面钩织，用锁针和短针钩织。第1行钩织终点处如图片所示，第2行钩织完3针立起的锁针后如图。

2. 变换织片的方向，第2行看着织片的正面，将上一行的锁针成束挑起（参照p.93）钩织，同时依次织入2针长针。

鞋跟的订缝方法、卷针订缝

3. 鞋跟第4行至第9行的中央部分按照图示方法减针钩织。

4. 鞋尖部分和侧面部分完成（解说时用不同颜色的线钩织，更清楚明晰）。

1. 看着织片正面，利用钩织终点的线头将相接处的针目逐一挑起，卷针订缝。仅两端的针目需要各穿2次针。

2. 线头藏到反面的针目中，避免影响到正面效果。

55 花样拼接的褪裤
编织方法 ⋯⋯ p.66–67

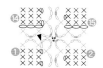

花样的拼接方法（引拔针）

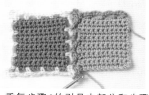

1. 先钩织花样❶，然后"继续编织至拼接位置，再将钩针插入花样的锁针线圈中"，继续钩织花样❷。

2. 针尖挂线，按照箭头所示引拔钩织拼接。

3. 继续钩织完2针锁针、1针短针后如图。

4. 重复步骤1的引号中部分和步骤2，钩织拼接完花样❶、❷的一边后如图。接着按记号图钩织剩下的几边。按照花样❶、❷的方法，编织13块花样，横向拼接。

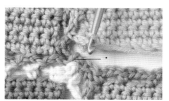

5. 钩织拼接花样❶的边角时，将钩针插入花样❶、❷拼接处的引拔针针目（图中圆点标记处）中，引拔钩织拼接。

6. 花样❶和花样❶都是在引拔针针目（图中圆点标记处）处引拔钩织拼接。

7. 钩针插入步骤6的圆点标记中，针尖挂线后如图。按照箭头所示引拔钩织拼接。

8. 四块花样的边角线圈处钩织拼接完成后如图。

21

发带　　0~12个月
编织方法 ⋯⋯ p.26

花样的拼接方法（暂时取出钩针的方法）

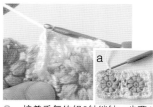

1. 钩织至第2块花样的拼接位置后，暂时从针目中取出钩针。然后用钩针将第1块花样的第3行锁针成束挑起。

2. 钩针插回暂休针的针目中，从相连的线圈中抽出（b）。

3. 接着重复钩织2针锁针、步骤1和2，拼接完成后继续钩织第2块花样。第2块花样钩织完成后如图（a）。

绳带的拼接方法

1. 按照箭头所示从绳带起针的里山处挑针，钩织引拔针。花样终点处留出30cm的线头。

2. 剩余的线头穿入缝纫针中，花样的反面与绳带顶端交替，缝2次。

3. 缝好后如图。线头藏到针目中，沿边缘剪断线头。

重点教程

褟裸、斗篷式褟裸

编织方法……p.74–75

※图片以作品57为例进行解说。

🎀 花样的钩织方法

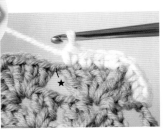

1. 用黄绿色线钩织2行，在终点的针目处引拔钩织编织线，剪断线。

2. 接入橄榄绿色的编织线，钩织第3、第4行，剪断线。钩织完4行后如右上图所示。

3. 接入本白编织线，钩织第5行。然后钩织1针立起的锁针，锁针8针。

4. 反方向拿好花样，将第4行的锁针（步骤3图片的★处）成束挑起，织入引拔针。此时，将编织线拉至花样的反面，从第4行的针目与针目间挂线，引拔钩织。

5. 引拔钩织完成后如图。

6. 钩织1针锁针，从第3行的针目与针目间挂线，将第3行的锁针（步骤5图片的★处）成束挑起，引拔钩织。

7. 用同样的方法钩织至第1行。

8. 在第1行的长针头针处引拔钩织。钩织完1针锁针后按照同样的要领，用引拔针和锁针钩织至第4行。

🎀 花样的拼接方法

9. 钩织完成后如图。重复步骤3~9，用本白线钩织1圈。

1. 将花样放在主体周围，注意整体均衡，用绷针固定。

2. 利用钩织起点处的线头将花样缝到主体的中心处。

3. 利用钩织终点处的线头将花样周围缝到主体上。

重点教程

60 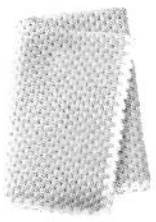 61 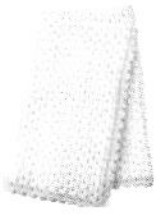 63 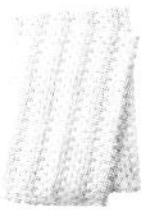 65 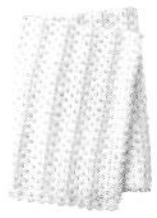

襁褓

编织方法 …… p.78

花样的编织方法 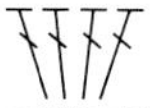

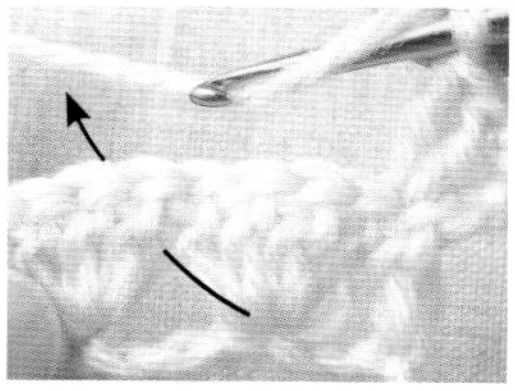

1. 按照箭头所示，将钩针插入上一行针目间的缝隙中，编织第2行的4针长针。

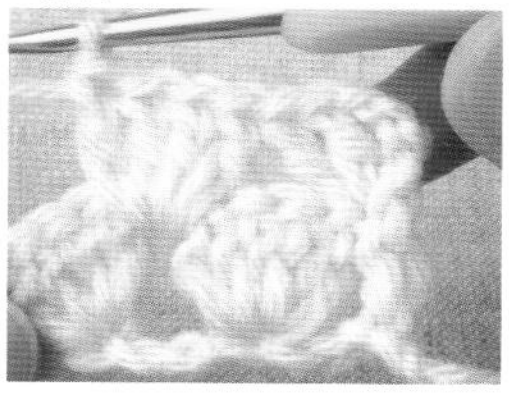

2. 在同一位置编织4针长针。

[第1行花边的编织方法和线的处理方法]

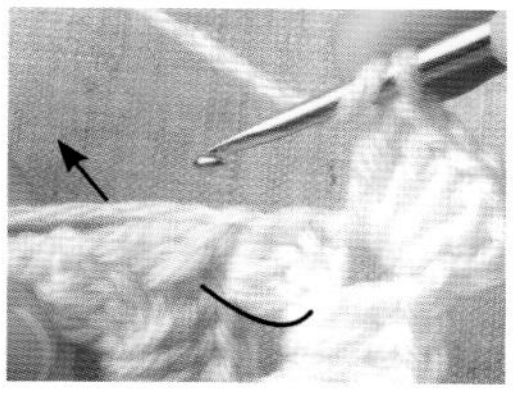

1. 花边部分先编织 3 针锁针，将顶端的所有针目挑起，包紧后再编织。穿引配色线时，也需要包紧配色线。

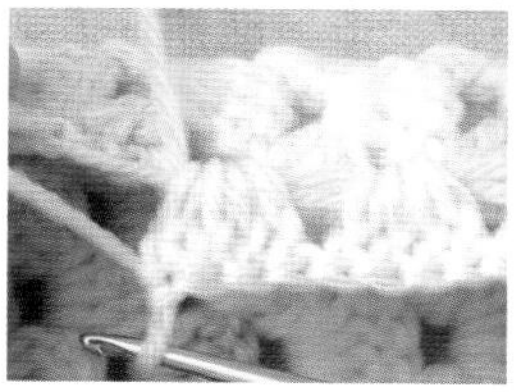

2. 花边处包住配色线后如图（反面的样子）。这样，渡线的针目就不会太显眼。

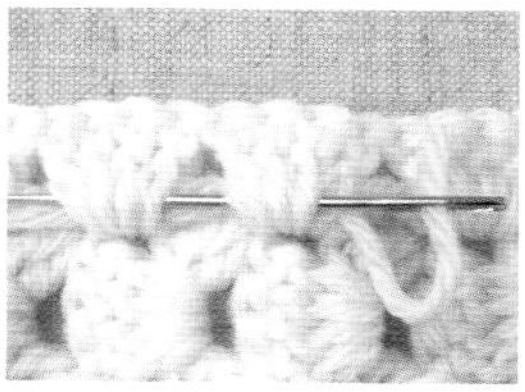

3. 如果无法包住线头，可以将它穿入缝纫针中，把 4~5cm 线头藏到织片中，剩余的部分剪断。

62 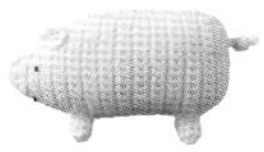

小猪玩偶

编织方法 …… p.71

编织方法

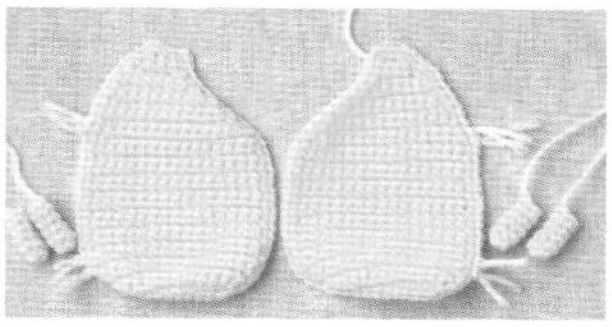

1. 其中一块躯干的织片编织终点处留出 100cm 左右的线头，剪断线，另一块织片先处理好线头。腿部编织起点的线头塞入腿中，编织终点的线头留出 20cm 左右，再剪断。

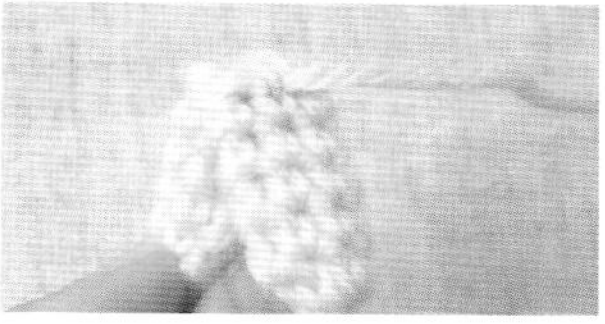

2. 首先拼接腿部。之前剩下的线头穿入缝纫针中，将两条腿的编织终点处缝好拼接。线头塞入腿中，处理好。

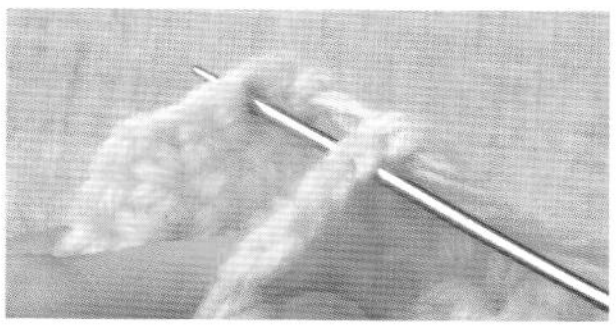

3. 将躯干正面朝外相对合拢重叠。剩余的线头穿入缝纫针中，从外侧把钩针插入内侧花边头针的下方，然后在相邻的下一针针目中，将钩针从内向外穿出。

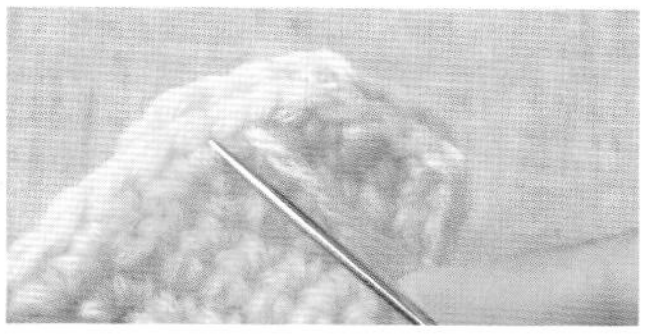

4. 一针一针逐渐移动到相邻的针目中，同时按照平行缝的要领缝合。

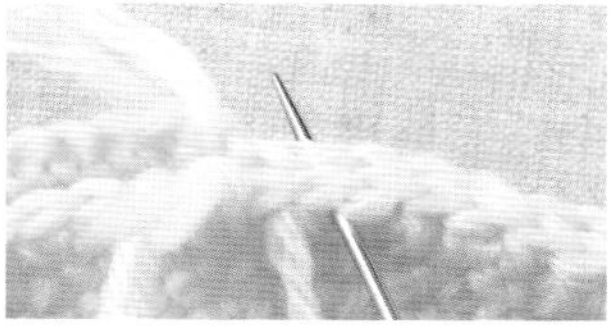

5. 在拼接腿部位置的 1 针内侧，按照整针回针缝的要领，回移 1 针，插入其中，再从前 2 针的针目中穿出。

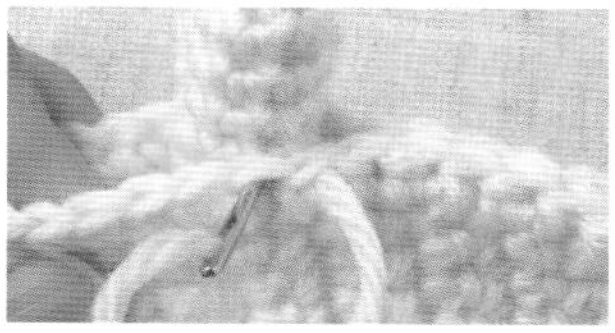

6. 腿部夹到躯干之间，按照步骤 3 的要领往前缝 1 针。

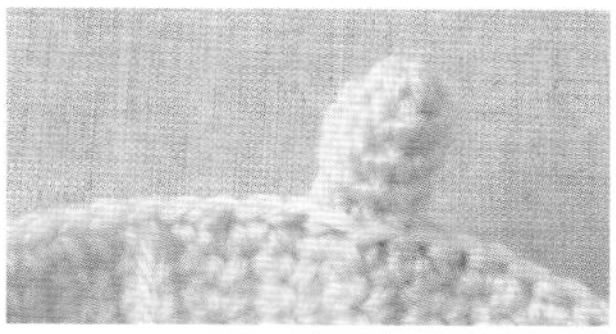

7. 拼接腿部后也进行1针回针缝，然后按照原来的方法一针一针缝合。

64 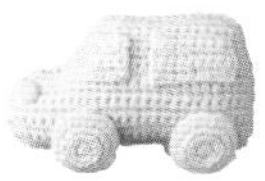

小车玩偶

编织方法 …… p.87

车轮的编织方法

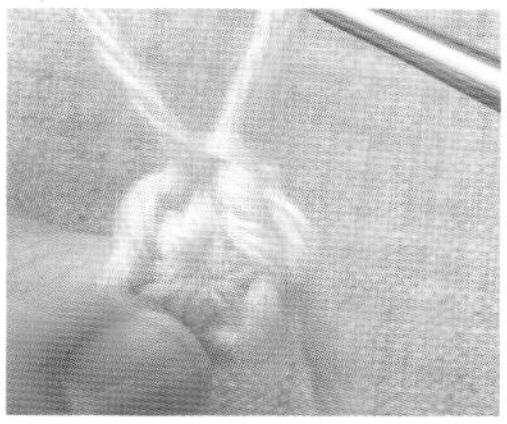

1. 从中心开始环形起针，编织 6 针短针。在起始短针的头针中织入引拔针，剪断线后引拔抽出。从反面插入针，挂上线头，再穿到反面。

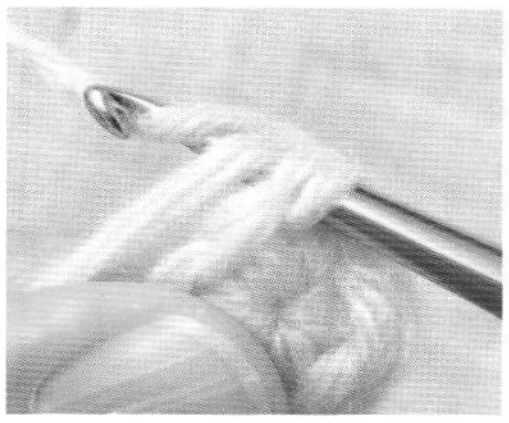

2. 编织下面一行时，从外向内挂好前面的线头。然后将下面要用的线挂到针上，只需将此线引拔抽出，完成接线。编织 1 针立起的锁针，之后继续编织短针。

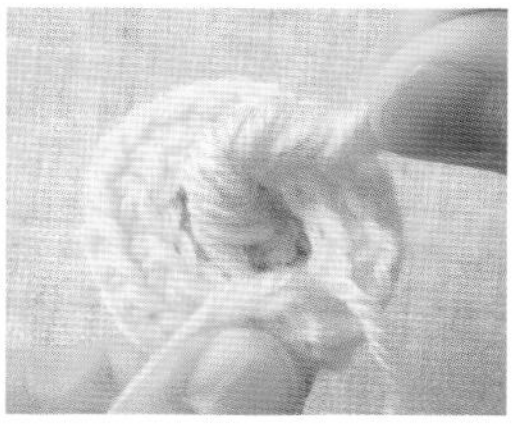

3. 编织 6 行后拉大线圈，暂时停下线，线头塞到中间。

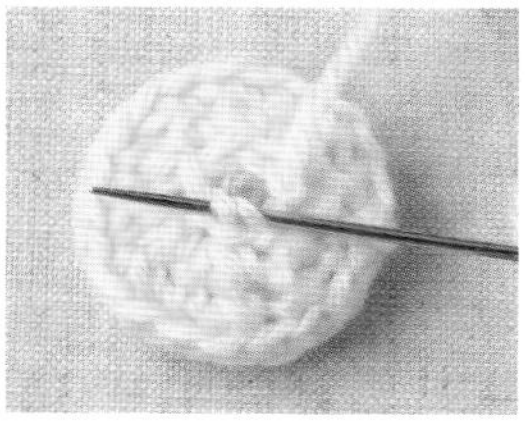

4. 之前停下的线编织到最后，再剪断线。编织终点的线头穿入缝纫针中，将中央缝好。※ 如果厚度不够，可以在缝之前塞入线头等。

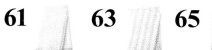

第1部分　兜帽 & 小物件

这是妈妈们想要为宝宝钩织的第一套基本款套装。
套装颜色、样式丰富，试着选一套适合宝宝的吧。
接下来还会给大家介绍其他作品，如可爱的拼接领、围巾、饰花等。

1

2

3

兜帽、手套、婴儿鞋

编织方法　作品 1 ······ p.10~11　作品 2 ······ p.14　作品 3 ······ p.15
重点教程　作品 2、3 ······ p.13
设计&制作 ······Oka Mariko

要为我的小天使钩织的就是这一套。
人气手套的钩织方法非常简单，推
荐初学者尝试。

0-12 个月

兜帽、手套、婴儿鞋

编织方法　作品4 ⋯⋯ p.14　作品5 ⋯⋯ p.10–11　作品6 ⋯⋯ p.15
重点教程　作品4、6 ⋯⋯ p.13
设计&制作 ⋯⋯ Oka Mariko

这一套采用充满质感的荷叶边和花样搭配，是相当可爱的女孩套装。兜帽的荷叶边在穿绳带的时候与另外编织的镶边重叠拼接。

4

5

6

1、5、7 兜帽　0~12个月　图片 作品1……p.8 作品5……p.9 作品7……p.12

·作品1的材料
Hamanaka Cupid 本白35g
·作品5的材料
Hamanaka Cupid 粉色40g
·作品7的材料
Hamanaka Cupid 淡蓝色30g
·钩针
5/0号
·标准织片
花样编织 26.5针×10行/10cm²
·成品尺寸
头围35cm，深15cm

·编织方法
①编织背面
编织13针起针，参照记号图编织6行，剪断线。
②编织侧面
在背面第6行的短针头针中拼接线，无加减针编织10行花样，再剪断线。
③编织绳带穿入口和帽檐
在侧面第10行立起的针目中接线，编织3行绳带穿入口。用1针锁针和1针引拔针继续编织下一行，在两端减针，形成弧形。
④编织头围的花边
从帽檐的编织终点处穿引线，然后再从绳带穿入口部分挑针，开始编织。看着反面编织1行短针，再看着正面编织1行短针。

⑤编织帽檐的花边
接着头围的花边，看着正面编织。编织终点处在头围的花边中接线，处理好线头。
⑥编织绳带
⑦完成
穿入绳带后，作品1在绳带的顶端拼接花样，作品5拼接绒球。作品7重叠镶边后再穿入绳带，再在绳带的顶端拼接花样。

③ 编织绳带穿入口和帽檐
④ 编织头围的花边
⑤ 编织帽檐的花边

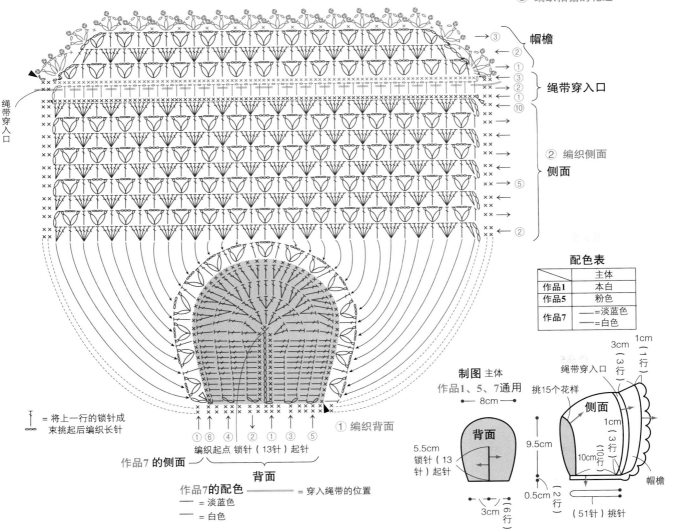

帽檐
绳带穿入口
绳带穿入口
② 编织侧面
侧面

| = 将上一行的锁针成束挑起后编织长针

① 编织背面

作品7的侧面

① ⑥ ④ ② ① ③ ⑤
编织起点 锁针（13针）起针

背面

作品7的配色
—— = 淡蓝色
—— = 白色
—— = 穿入绳带的位置

配色表

	主体
作品1	本白
作品5	粉色
作品7	—=淡蓝色 —=白色

制图 主体
作品1、5、7通用
← 8cm →

背面
5.5cm
锁针（13针）起针
3cm
（6行）

挑15个花样
绳带穿入口
1cm（1行）
3cm（3行）
侧面
1cm（3行）
10cm（10行）
9.5cm
帽檐
0.5cm（2行）
（51针）挑针

⑥ 编织绳带

绳带

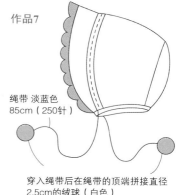

编织起点

←—作品1、7=85cm锁（250针）起针→
作品5 =90cm锁（265针）起针

⑦ 完成

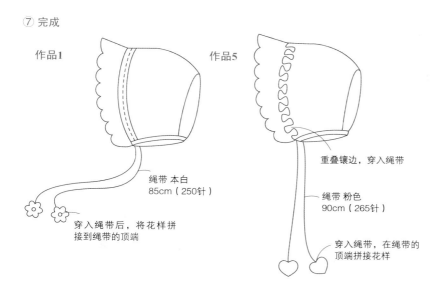

作品1

作品5

绳带 本白
85cm（250针）

穿入绳带后，将花样拼接到绳带的顶端

重叠镶边，穿入绳带

绳带 粉色
90cm（265针）

穿入绳带，在绳带的顶端拼接花样

作品7

绳带 淡蓝色
85cm（250针）

穿入绳带后在绳带的顶端拼接直径2.5cm的绒球（白色）
（在宽3cm的厚纸上缠60圈，制作出绒球）
※绒球的具体制作方法参见p.89

绳带的顶端拼接到花朵的反面

作品1的花朵花样 2块
本白

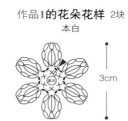

3cm

作品5的花样 2块
粉色

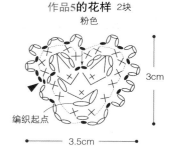

3cm

编织起点

3.5cm

作品5的镶边

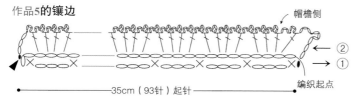

帽檐侧

②
①

※将锁针的里山挑起后编织第1行短针
※重叠到童帽侧面的第18行，穿入绳带的同时完成拼接

←—35cm（93针）起针—→

编织起点

作品5的绳带的穿入方法

绳带穿过主体的第2行

绳带   中央的穿入方法   重复   镶边的中央部分

仅中央的穿入方法需要改变，左右两侧按同样的方法重复

镶边的完成方法

拼接到童帽上后用蒸汽熨斗熨烫，每隔1个花样放平帽檐，再整理形状

兜帽、手套、婴儿鞋

编织方法　作品7······p.10–11　作品8······p.14　作品9······p.15
设计&制作 ······Oka Mariko

这一套采用了可爱的设计以及恰到好处的清爽浅蓝色，雪花一样的白
色和绳带顶端的绒球是设计的亮点。

7

8

9

2 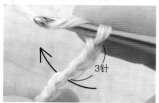 **4**  **8** 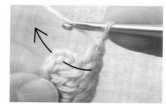 **手套** 0~12个月 编织方法 …… p.14

🧶 手套的编织方法

1. 编织起针的锁针（9针）和立起的锁针（3针）。针上挂线后，将第4针锁针的上半针（1根线）和里山挑起，织入第1针长针。然后按照同样的方法将上半针和里山挑起，继续编织长针。

2. 在起针起始的针目中织入4针长针。然后按照箭头所示插入钩针，将起针锁针的剩余半针（1根线）挑起，包住线头的同时织入长针。

3. 第1行最后，在立起的第3针锁针中织入引拔针。织片转到内侧，翻到反面，变换编织方向后编织3针立起的锁针。

4. 编织第2行时，看着第1行的反面编织，最后在立起的第3针锁针中织入引拔针。每行都翻转织片，变换编织方向，如此编织成圆环。

3 **6** **9** **鞋子** 0~12个月 编织方法 …… p.15

🧶 折翼拼接位置的确定方法

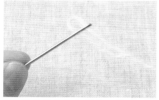 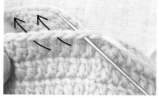  

1. 除去正在编织的线以外，我们将其他的线穿入缝纫针中，这样可以看得更清楚。

2. 从内侧将缝纫针插入侧面第3行立起锁针的第3针中，然后按照箭头所示每隔2针将针目挑起穿入，如此重复13次。

3. 这样一来，每隔2针就有一个印记，数针数时也比较方便。

4. 在第13个线圈（含立起的锁针在内的第27针处）的短针头针处做标记。这里便是拼接折翼的位置。

🧶 折翼第1行挑针的方法

  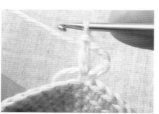 

1. 看着鞋子的外侧（正面），将钩针插入之前标记的短针的头针外侧半针中（1根线），挂线后引拔抽出。

2. 再次挂线后引拔抽出。这样就连好了。

3. 织片转到内侧，看着鞋子的内侧（反面）编织立起的锁针（3针），在接线的同一个半针中再织入1针长针（编织长针时需包住线头）。

4. 接着包住线头，在短针头针的内侧半针（1根线）中编织下面的针目。编织至折翼第1行的终点处后如图所示。

🧶 花边的编织发方法

 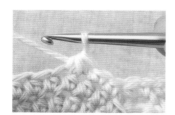  

1. 折翼的外侧（正面）置于内侧，拿好。将折翼第1行最后的长针完全挑起，引拔抽出线，再次挂线，拼接线。

2. 接着折翼周围的花边，在侧面短针的头针（2根线）中织入短针。※也有编织"短针2针并1针"的部分，要仔细查看记号！

3. 继续编织侧面的花边，编织至折翼部分。编织折翼突出的针目时，需要在短针头针剩余的内侧半针中（1根线）编织，除此以外均是在短针的头针（2根线）中织入短针。

4. 织下面一行时，在侧面花边的每针短针中织入1针引拔针，如此编织一周。

13

2、4、8 手套 0~12个月   图片 作品2……p.8   作品4……p.12   重点教程……p.13

- **作品2的材料**
  Hamanaka Cupid 本白15g
  松紧编织线50cm
- **作品4的材料**
  Hamanaka Cupid 粉色15g
  松紧编织线50cm
- **作品8的材料**
  Hamanaka Cupid 淡蓝色15g，白色5g
  松紧编织线50cm
- **钩针**
  5/0号、4/0号
- **标准织片**
  花样编织：22针×11行/10cm²
- **成品尺寸**
  宽6.5cm，长11.5cm

- **编织方法**
  ※仅松紧编织线用4/0号钩针，其他部分均用5/0号钩针。
  ①编织主体
  编织9针锁针，编织第1行时，从锁针的两侧挑起，交替看着正反面，编织成圆环。无加针编织至第3行，4~11行无加减针编织，完成后剪断线。
  ②编织花边
  在主体的最终行拼接线，看着正面，编织1行花边。
  ③编织绳带
  ④穿入绳带
  将第10行的长针挑起，穿入绳带。
  ⑤用松紧编织线编织引拔针
  将主体第10行反面的1根线挑起，用松紧编织线编织引拔针（参照p.89）。

制图 手套主体
作品2、4、8通用

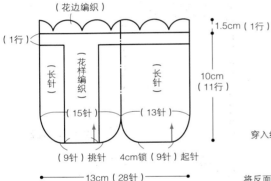

③编织绳带

绳带
5/0号钩针
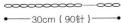
├── 30cm（90针）──┤

配色表

	主体	绳带
作品2	本白	本白
作品4	粉色	粉色
作品8	——=淡蓝色 ——=白色	淡蓝色

①编织主体
②编织花边

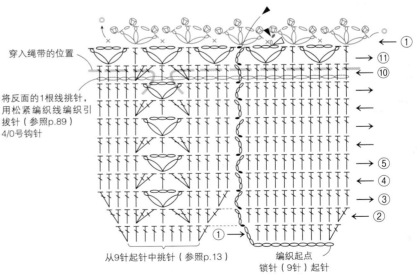

穿入绳带的位置

将反面的1根线挑针，用松紧编织线编织引拔针（参照p.89）4/0号钩针

从9针起针中挑针（参照p.13）

编织起点
锁针（9针）起针

作品8的配色 ——= 淡蓝色
          ——= 白色

④穿入绳带
⑤用松紧编织线编织
  引拔针

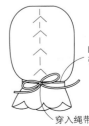

内侧用松紧编织线编织
引拔针，拉紧

穿入绳带，打结

· **作品3的材料**
Hamanaka Cupid 本白20g
· **作品6的材料**
Hamanaka Cupid 粉色20g
· **作品9的材料**
Hamanaka Cupid 淡蓝色15g，白色5g
· **钩针**
5/0号
· **标准织片**
长针编织：22针×11行/10cm²
花样编织：26.5针×10行/10cm²

· **编织方法**
※作品3、6用一种颜色，作品9的主体用淡蓝色线编织，花边用白色线编织。
①编织底面、侧面
锁针12针起针，第1行从锁针的两侧挑针，编织成圆环。编织至第3行，形成底面。侧面第1行内侧形成条纹，将外侧的半针挑起，侧面编织3行后再剪断线。
②编织折翼（参照p.13）
将线拼接到侧面的第3行，编织5行折翼。
③编织折翼和侧面的花边（参照p.13）
将线拼接到侧面的第1行，从折翼周围接着侧面编织1行花边。然后用引拔针编织1圈侧面，剪断线。
④完成
在花边第1行的3个位置缝上折翼。编织绳带，拼接附属品，完成。

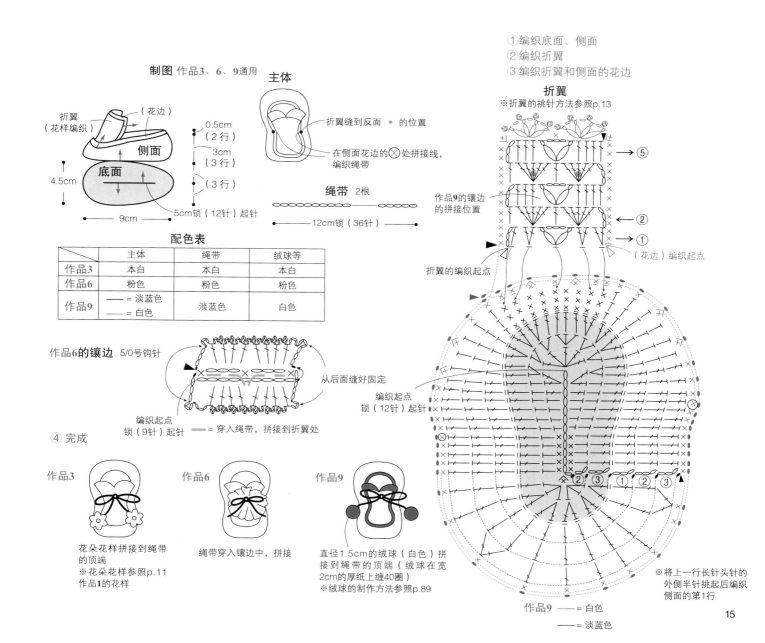

制图 作品3、6、9通用
主体
绳带 2根
配色表

	主体	绳带	绒球等
作品3	本白	本白	本白
作品6	粉色	粉色	粉色
作品9	—— = 淡蓝色 —— = 白色	淡蓝色	白色

作品6的镶边　5/0号钩针

④完成

作品3
花朵花样拼接到绳带的顶端
※花朵花样参照p.11
作品1的花样

作品6
绳带穿入镶边中，拼接

作品9
直径1.5cm的绒球（白色）拼接到绳带的顶端（绒球在宽2cm的厚纸上缠40圈）
※绒球的制作方法参照p.89

①编织底面、侧面
②编织折翼
③编织折翼和侧面的花边

折翼
※折翼的挑针方法参照p.13

作品9 —— = 白色
　　　 —— = 淡蓝色

15

兜帽、婴儿鞋、小兔子

编织方法 作品 **10**⋯⋯ p.18 作品 **11**⋯⋯ p.22–23 作品 **12**⋯p.19
重点教程 作品 **10**⋯⋯ p.21 作品 **11**⋯⋯ p.90 作品 **12**⋯ p.4
设计 ⋯⋯ 河合真弓 制作 ⋯⋯ 栗生惠

先从这些小巧的针织物套装开始试试吧。
如果颇受好评的话就可以放心继续钩织啦。

11

10

12

设计 ······ 河合真弓　制作 ····· 栗生惠

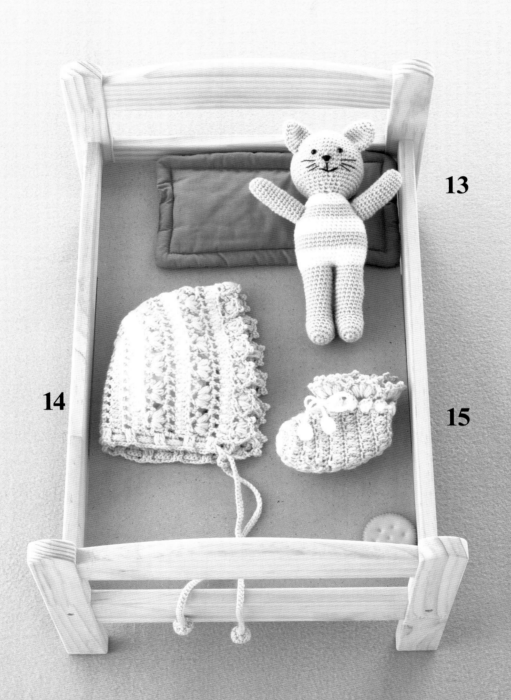

13

14

15

10、14、17 兜帽 1~12个月 　图片 作品10……p.16　作品14……p.17　作品17……p.20　制作步骤……p.21

・作品10的材料
奥林巴斯Milky Baby粉色35g，白色少许
直径1.3cm珍珠纽扣2颗
・作品14的材料
奥林巴斯Milky Baby淡蓝色27g，白色8g
・作品17的材料
奥林巴斯Milky Baby奶油色35g
・钩针　5/0号
・成品尺寸　参照图示

・编织方法
主体的钩织方法3件通用。作品14用淡蓝色和白色钩织配色条纹。
① 钩织主体
钩织16针锁针起针，头部后方（参照p.21）织入5行花样钩织A。接着在侧面织入10行花样钩织B。脖子周围钩织1行花边。
② 完成
作品14钩织绳带和绒球，作品10钩织绳带和花朵花样（参照p.21），作品17钩织饰花绳带，参照下图，完成。

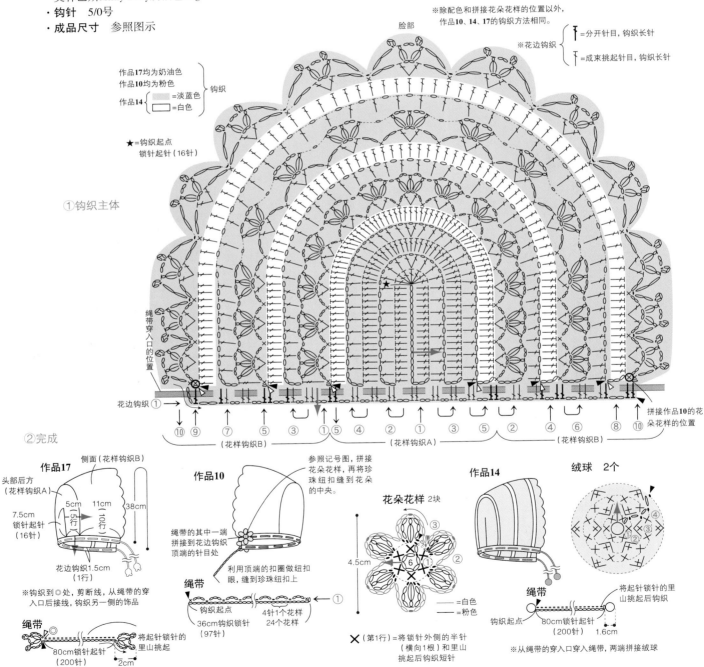

※除配色和拼接花朵花样的位置以外，作品10、14、17的钩织方法相同。

脸部

作品17均为奶油色
作品10均为粉色
作品14　▨=淡蓝色　□=白色
钩织

★=钩织起点　锁针起针（16针）

※花边钩织　⊤=分开针目，钩织长针　⊤=成束挑起针目，钩织长针

① 钩织主体

花边钩织①

绳带穿入口的位置

拼接作品10的花朵花样的位置

⑩⑨⑦⑤③①（花样钩织B）　①⑤④②①①③⑤②④⑥（花样钩织A）　⑧⑩（花样钩织B）

② 完成

作品17
侧面（花样钩织B）
头部后方（花样钩织A）
5cm（5行）　11cm（10行）　38cm
7.5cm 锁针起针（16针）
花边钩织1.5cm（1行）
※钩织到◎处，剪断线，从绳带的穿入口后接线，钩织另一侧的饰边

绳带
80cm锁针起针（200针）　2cm
将起针锁针的里山挑起

作品10
参照记号图，拼接花朵花样，再将珍珠纽扣缝到花朵的中央。
绳带的其中一端拼接到花边钩织顶端的针目处
利用顶端的扣圈做纽扣眼，缝到珍珠纽扣上。

绳带
钩织起点　4针1个花样　24个花样
36cm钩织锁针（97针）①

花朵花样 2块
③ ② ① 6
4.5cm
—— =白色　—— =粉色
✕（第1行）＝将锁针外侧的半针（横向1根）和里山挑起后钩织短针

作品14

绳带
钩织起点　80cm锁针起针（200针）　1.6cm
※从绳带的穿入口穿过绳带，两端拼接绒球

绒球　2个
④ ③ ① ②
将起针锁针的里山挑起后钩织

· **作品12的材料**
奥林巴斯Milky Baby粉色32g，白色1g
20cm的松紧编织线2根
直径1.3cm的珍珠纽扣2颗

· **作品15的材料**
奥林巴斯Milky Baby淡蓝色21g，
白色9g

· **作品19的材料**
奥林巴斯Milky Baby奶油色26g

· **钩针**　5/0号

· **成品尺寸**　参照图示

· **钩织方法**
钩织方法 3件通用。
①钩织主体（参照p.4）
鞋尖部分钩织8行，成环形。接着用往复钩织的方法钩织侧面的9行。
②订缝鞋跟，钩织花边
鞋跟侧面卷针订缝（参照p.4），鞋口钩织3行花边。

③完成
作品15、19：各钩织2根绳带，穿入指定的绳带，打结。作品12：将松紧编织线穿入鞋口，花朵花样拼接到前面中央，用珍珠纽扣装饰。

作品12、15、19通用
配色表

	作品12	作品15	作品19
	粉色	白色	奶油色
		淡蓝色	

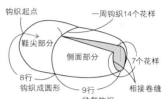

钩织起点
鞋尖部分
8行
钩织成圆形
一周钩织14个花样
侧面部分
7个花样
9行
往复钩织
相接卷缝

②订缝鞋跟，钩织花边

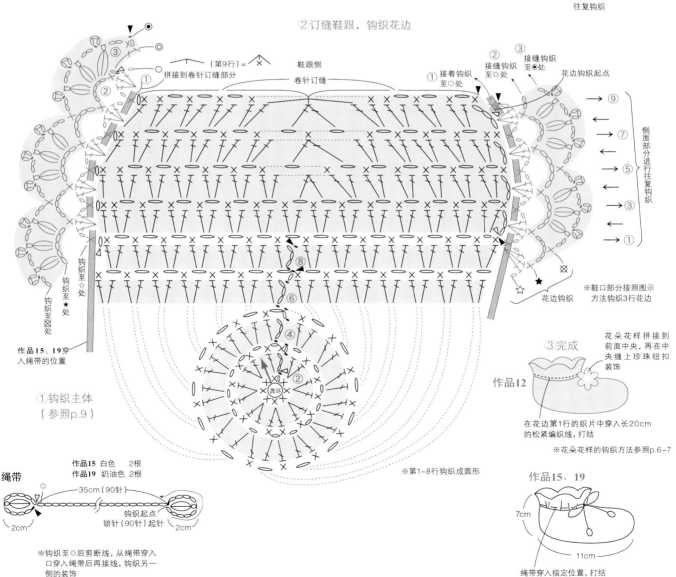

（第9行）＝
鞋跟侧
拼接到卷针订缝部分
卷针订缝
①接着钩织至○处
②接缝钩织至◎处
③接缝钩织至●处
花边钩织起点

⑨
⑦
⑤
③
①
侧面部分进行往复钩织

※鞋口部分按照图示方法钩织3行花边

花边钩织

钩织至☆处
钩织至★处
钩织至⊗处

作品15、19穿入绳带的位置

①钩织主体
（参照p.9）

※第1~8行钩织成圆形

绳带
作品15　白色　2根
作品19　奶油色　2根

35cm（90针）
钩织起点
锁针（90针）起针
2cm
2cm

※钩织至◎后剪断线，从绳带穿入口穿入绳带后再接线，钩织另一侧的装饰

③完成
花朵花样拼接到前面中央，再在中央缝上珍珠纽扣装饰

作品12

在花边第1行的织片中穿入长20cm的松紧编织线，打结

※花朵花样的钩织方法参照p.6~7

作品15、19

7cm
11cm

绳带穿入指定位置，打结

19

手套、兜帽、小熊、婴儿鞋

设计 …… 河合真弓   制作 …… 关谷幸子

这几件手工钩织的温暖小物，专为特别的日子而准备。
整套作品极具统一感。

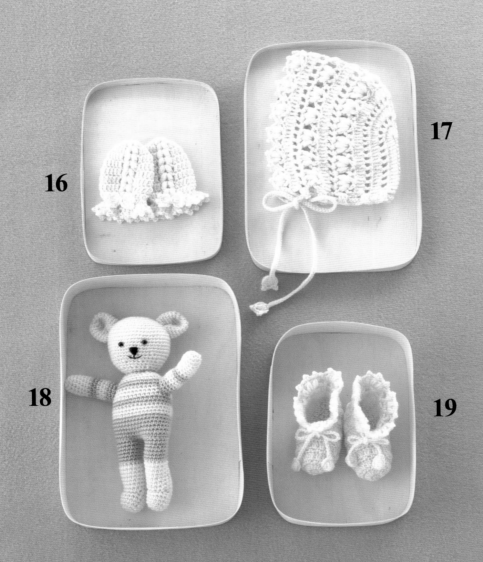

重点教程

10　**14**　**17**

兜帽

0~12个月　　编织方法 …… p.18

· 图片以作品10为例进行解说。

🧶 头部后方（主体钩织起点）的钩织方法

· 第1行

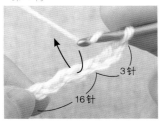

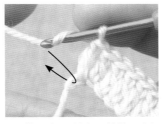

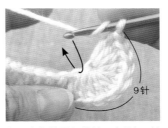

1. 钩织16针锁针起针，再钩织3针立起的锁针，从第2针开始，将锁针外侧的半针（横线1根线）和里山挑起后再钩织长针。

2. 按照步骤1的方法挑针，钩织长针至起针的最初针目后，纵向拿好织片，钩织弧线部分。

3. 在起针最初的针目中钩织9针长针后，再将锁针剩余的横向1根线挑起，接着在起针的另一侧钩织长针。

4. 上下对称钩织，第1行完成。从第2行开始按照记号图继续钩织。

🌸 花朵花样的钩织方法

· 起针

· 第1行

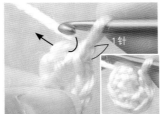

· 第2行

钩织6针锁针，钩针插入第1行的头针（横线2根线）中，挂线（①）一次性引拔钩织（②）。

钩织1针立起的锁针，按照箭头所示将锁针的外侧半针（横线1根线）和里山挑起后钩织6针短针。最后在一开始的短针中引拔钩织。

1. 织片翻到反面，在上一行的1针短针中织入"1针引拔针、3针锁针、3针变化的枣形针、3针锁针、1针引拔针"。

2. 重复钩织步骤1引号中的针法，共6次。钩织终点处留出10cm的线头，剪断线，再在针尖挂线，直接引拔抽出。

· 第3行

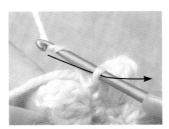

1. 再将织片翻到正面，钩针插入第2行引拔针的头针中（2根横线），挂上配色线后引拔抽出。

2. 再次在针尖挂线，引拔抽出。

3. 接着在4针锁针、3针中长针变化枣形针的头针中织入1针引拔针、4针锁针，在上两行的短针中织入1针短针。

4. 重复钩织步骤3的针法6次，给6块花瓣钩织花边。在钩织终点处剪断线头，编织线挂到针尖后引拔抽出。

- **作品11的材料**
  奥林巴斯Milky Baby粉色45g，白色少许
  直径1.3cm的珍珠纽扣1颗
- **作品13的材料**
  奥林巴斯Milky Baby淡蓝色36g，白色15g
- **作品18的材料**
  奥林巴斯Milky baby奶油色35g，米褐色15g
- **三件通用的材料**
  直径0.6cm的高脚纽扣 2颗
  黑色刺绣线少许
  填充棉少许
- **钩针** 5/0号
- **成品尺寸** 参照图示

- **钩织方法**

① 钩织各部分，拼接
躯干（参照p.90）、头部、上肢、下肢（参照p.90）用指定的配色钩织，三件作品的钩织方法相同。耳朵、尾巴分别按照图示方法钩织。作品13的耳朵和尾巴、作品11的耳朵、作品18除耳朵以外

的部分塞入填充棉。
② 完成（参照p.23、90）
拼接各部分，固定在身体上。面部眼睛的位置缝上纽扣，再绣出鼻子、嘴巴，完成。作品11需拼接花朵花样（参照p.18、p.21）。

① 钩织各部分，拼接

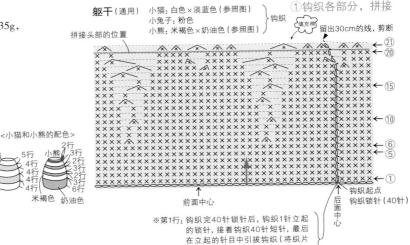

躯干（通用）
小猫：白色×淡蓝色（参照图）
小兔子：粉色
小熊：米褐色×奶油色（参照图）
钩织
拼接头部的位置

留出30cm的线，剪断
填充棉

前面中心
后面中心
钩织起点
钩织锁针（40针）

※第1行：钩织完40针锁针后，钩织1针立起的锁针，接着钩织40针短针，最后在立起的针目中引拔钩织（将织片钩织成圆筒状）
※织片不会拧扭，轻松完成第1行钩织的方法参照p.90

躯干的针数表

行数	针数	加减针数
21	11针	−11针
20	22针	
19	22针	−4针
18	26针	−4针
17	30针	−2针
16	32针	
15	32针	−2针
14	34针	
13	34针	−2针
11·12	36针	
10	36针	−2针
8~9	38针	
2~6	38针	−2针
1行	40针	挑针
起针	钩织锁针40针	

<小猫和小熊的配色>

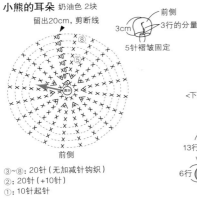

小猫
5行
淡蓝色
白色

小熊
2行
3行
4行
4行
4行
米褐色
奶油色

小熊的耳朵 奶油色 2块

留出20cm，剪断线

前侧
3cm
3行的分量
5针褶皱固定

③~⑧：20针（无加减针钩织）
②：20针（+10针）
①：10针起针

※小兔子的耳朵和上肢一样，用粉色钩织2块
※耳朵均无填充棉

小猫的耳朵 淡蓝色 2块

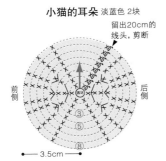

留出20cm的线头，剪断

前侧
后侧

← 3.5cm →

头部（通用）
小猫：淡蓝色
小兔子：粉色
小熊：奶油色
钩织

拼接躯干的位置
填充棉

头部的针数表

行数	针数	加减针数
23	16针	
22	16针	−8针
21	24针	
20	24针	−8针
19	32针	
18	32针	−8针
17	40针	
16	40针	−8针
10~15	48针	
9	48针	+8针
8	40针	
7	40针	+8针
6	32针	
5	32针	+8针
4	24针	
3	24针	+8针
2	16针	+8针
1	8针	起针

<下肢的拼接方法>

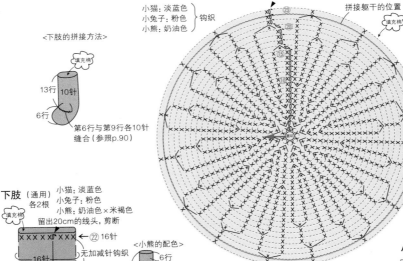

填充棉
13行 10针
6行
第6行与第9行各10针缝合（参照p.90）

下肢（通用）
小猫：淡蓝色
小兔子：粉色
小熊：奶油色×米褐色
填充棉
留出20cm的线头，剪断

㉒ 16针
无加减针钩织
16针
③ 16针
②…16针（+8针）
①…8针

<小熊的配色>
6行
米褐色
16行
奶油色

上肢（共通）
小猫：淡蓝色
小兔子：粉色
小熊：奶油色×米褐色
各2根

填充棉
留出20cm的线头，剪断

⑯ 12针
无加减针钩织
12针
④ 12针
②…12针（+6针）
①…6针

<小熊的配色>
3行
3行
2行
米褐色
6cm
8行
奶油色

小猫的尾巴 淡蓝色

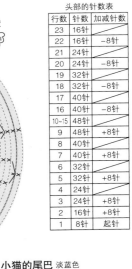

留出20cm的线头，剪断
※无填充棉

⑩ 6针
无加减针钩织
6针
③ 6针
②…6针
①…6针

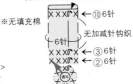

※小兔子的尾巴用粉色 钩织上肢的
※小熊的尾巴用奶油色 第1~4行

※小熊和小兔子的尾巴塞入填充棉

16 手套 1~12个月　图片……p.20　重点教程……p.27

- **材料**
  奥林巴斯Milky Baby奶油色20g
  22cm的松紧编织线2根
- **钩针** 5/0号
- **成品尺寸** 参照图示

- **钩织方法**

①钩织主体
从中心钩织圆环起针，从手指处钩织至手套口，形成袋状（参照p.27）。

②完成（参照p.27）
松紧编织线穿入主体的第10行中。将两块钩织好的蝴蝶结缝到手套口的手背侧，完成。

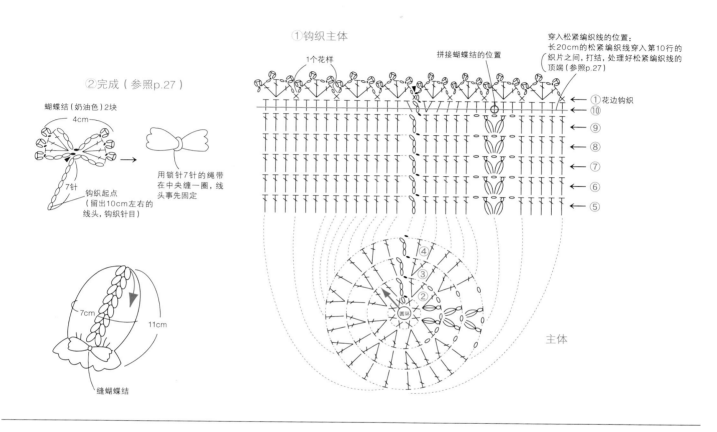

②完成（参照p.27）

蝴蝶结（奶油色）2块
4cm
7针
钩织起点
（留出10cm左右的线头，钩织针目）

用锁针7针的绳带在中央缠一圈，线头事先固定

7cm　11cm
缝蝴蝶结

①钩织主体

1个花样　拼接蝴蝶结的位置

穿入松紧编织线的位置：
长20cm的松紧编织线穿入第10行的织片之间，打结，处理好松紧编织线的顶端（参照p.27）

①花边钩织　⑩
⑨ ⑧ ⑦ ⑥ ⑤

圆球
④ ③ ②
主体

---

②完成（参照p.90）

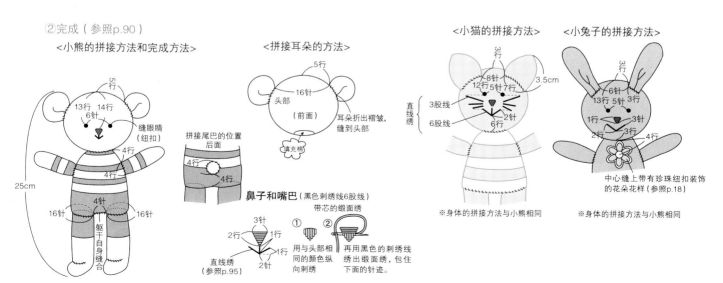

<小熊的拼接方法和完成方法>

5行
13针　14行
6针
缝眼睛（纽扣）
4行
25cm
16针　4针　16针
躯干自身缝合

拼接尾巴的位置
后面
4行　4行

鼻子和嘴巴（黑色刺绣线6股线）
带芯的缎面绣
3针
2行　1行
1行　1行
直线绣（参照p.95）
2针　2行

① 用与头部相同的颜色纵向刺绣
② 再用黑色的刺绣线绣出缎面绣，包住下面的针迹。

<拼接耳朵的方法>

5行
16针
头部（前面）
耳朵折出褶皱，缝到头部
填充棉

<小猫的拼接方法>

3行
8针
12行5针7针
3.5cm
直线绣　3股线
6股线
6行
4行　6行

<小兔子的拼接方法>

3行
6针
13行5针3行
1行
3针
2行　3行　4行

中心缝上带有珍珠纽扣装饰的花朵花样（参照p.18）

※身体的拼接方法与小熊相同　　※身体的拼接方法与小熊相同

婴儿鞋、发带

编织方法　作品 20、21 …… p.26
重点教程　作品 21 …… p.5
设计 …… 冈本启子　制作 …… 宫本宽子

这组作品选用了女孩们最爱的粉色和花朵搭配！
婴儿鞋、发带的设计意在突出花样中心的粉色。

21

20

手套、长袜、婴儿鞋

编织方法　作品 **22**…… p.38　作品 **23**…… p.42　作品 **24**…… p.26
重点教程　作品 **22**…… p.39
设计 …… 冈本启子
制作　作品 **22**……宫本真由美　作品 **23**……铃木惠美子　作品 **24**……宫本宽子

作品采用一种颜色钩织出华丽的花边，漂亮惹眼，是非
常适合当礼物送人的实用小物件。

22

23

24

20、24 婴儿鞋　　0~12个月　　图片 作品20……p.24　作品24……p.25

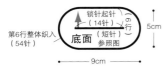

・**作品20的材料**
　奥林巴斯 Milky Baby桃色26g，深粉色8g
・**作品24的材料**
　奥林巴斯 Milky Baby象牙白34g
・**钩针**　5/0号
・**成品尺寸**　参照图示

・**钩织方法**
①钩织主体
　花样部分用环形起针法，然后按照图示方法钩织3行。
②钩织底面
　织入锁针（14针）起针，然后按照图示用短针钩织5行，第6行织入短针的条针。
③钩织侧面
　从侧面挑针，用长针钩织3行。此时参照

图示，在第3行拼接花样。
④钩织脚踝周围
　从侧面与花样挑针，钩织7行花样。
⑤钩织绳带与花样
　绳带部分织入88针锁针，引拔钩织。花朵部分用环形起针法按照图示钩织1行。
⑥完成
　绳带从脚踝的第3行中穿过，再在绳带的两端缝上花朵。

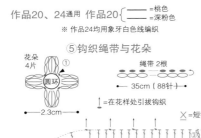

作品20、24通用　作品20 ▭=桃色　▭=深粉色
※ 作品24均用象牙白色线编织

⑤钩织绳带与花朵

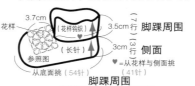

⑥完成

※钩织第2行的短针×时，看着反面，将第1行的外侧半针挑起后再钩织。
※钩织第3行的短针×时，看着正面，将第1行的外侧半针挑起后再钩织。

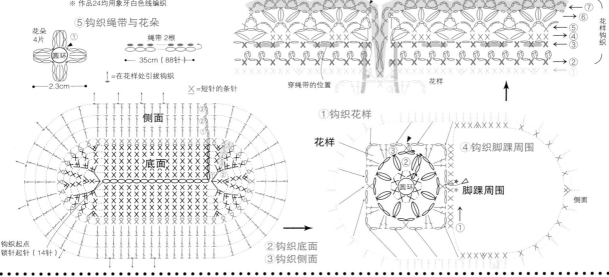

✕=短针的条针

---

21 发带　　0~12个月　　图片……p.24　重点教程……p.5

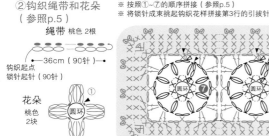

・**材料**
　奥林巴斯 Milky Baby 桃色16g，深粉色6g
・**钩针**　5/0号
・**成品尺寸**　29cm×6.7cm（主体）
・**钩织方法**
①钩织主体
　花样拼接部分用环形起针法，然后按照图示方法钩织3行。从第2块开始在第3行钩织

拼接，共7块。在花样拼接的周围织入3行花边。
②钩织绳带和花朵
　绳带织入90针锁针，引拔钩织。花朵用环形起针法起针，按照图示方法织入1行。
③完成
　在主体的两侧缝绳带。花朵拼接到绳带顶端。

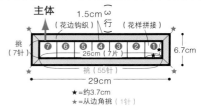

③完成

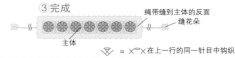

②钩织绳带和花朵（参照p.5）
※ 按照①~⑦的顺序拼接（参照p.5）
※ 将锁针成束挑起钩织花样拼接第3行的引拔针
　▬=桃色　▬=深粉色

①钩织主体
　▽=✕╳✕ 在上一行的同一针目中钩织

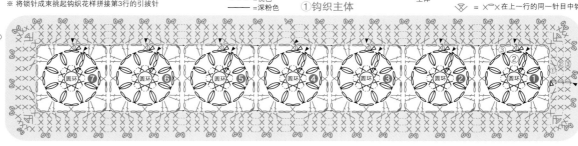

重点教程

16 手套

0~12个月 编织方法 ……p.23

✿ 主体的钩织方法

※从中心开始钩织圆环起针，然后接着指尖继续钩织，呈袋状。

引拔抽出的线

1. 参照p.92"从中心开始环形编织时（用线头制作圆环）"，编织线缠在手指上，制作圆环，钩针插入圆环中，再引拔抽出线（此针不算1针）。接着钩织1针立起的锁针。

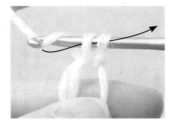

2. 再钩织1针短针。

3. 在圆环中织入8针短针后如图。

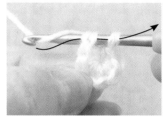

4. 拉紧圆环的线头，在最初的针目中织入引拔针。

✿ 花边、小链针长针 的钩织方法

5. 参照记号图，钩织至第10行，形成袋状。

3针

1. 钩织1针立起的锁针，再钩织1针短针、1针锁针。接着钩织1针长针、3针锁针，然后按照箭头所示将钩针插入针目，挂线后一次性引拔抽出。

2. 小链针的长针完成。

3. 花边的1个花样钩织完成后如图。

✿ 松紧编织线的穿入方法

4. 手套口织入8个花样的花边后如图。

1. 缝纫针穿入第10行的中长针中，藏好松紧编织线。

2. 藏好的松紧编织线打结，两端留出5cm，剪断。顶端再藏到针目中，处理好。

✿ 蝴蝶结的制作方法

用锁针编织的绳带缠到蝴蝶结中央，再用线头固定。

27

兜帽、婴儿鞋

编织方法 作品 **25**…… p.30 作品 **26**…… p.31
重点教程 作品 **25**…… p.29 作品 **26**…… p.32
设计 …… 河合真弓 制作 …… 关谷幸子

荷叶边的兜帽和外观可爱袖珍的婴儿鞋是人见人爱的基本套装款式。
它们看上去简单易做，先来试试吧？

25

26

制作步骤

25 **28**

兜帽

| 0~12个月 | 编织方法 …… p.30 |

· 图片以作品25为例进行解说。

头部后方增加花样的方法

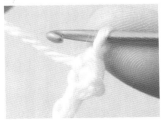

1. 钩织16针锁针，反面向上钩织第1行。再以1针锁针起立针，然后将起针锁针的里山挑起后钩织短针。

2. 重复钩织4针锁针，1针短针。

3. 在编织起针处的针目中，重复钩织步骤2的针法，织成弧形。

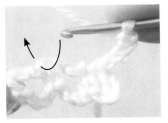

4. 另一侧也重复钩织步骤2的针法，但短针要在起针锁针剩余的两根线中钩织。

5. 第1行钩织至顶端后，在第2行织3针锁针起立针和2针锁针，共计5针。左端转到内侧，将织片翻面，正面向上钩织第2行。

6. 参照记号图钩织第2行，用锁针、短针、中长针2针的变化枣形针、长针钩织出整体形状。

增加3个扇形

7. 完成第3行的2个大扇形花样后，在弧形部分织入"1针短针、4针锁针"的线圈，形成3个扇形。

8. 第3行钩织完成（反面）。完成4个扇形花样。

9. 钩织4~6行时在每行的弧形部分按照步骤7引号内的针法逐一增加扇形，然后再参照记号图钩织。钩织完6行后如图所示（正面）。

10. 反面向上钩织第7行。完成6个扇形花样。

11. 钩织第8行（侧面第1行）时，在指定的6个位置，按照步骤7引号内的针法逐一增加扇形（图中圆点标注的位置），继续钩织。钩织完第4个位置的线圈后如图。

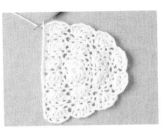

12. 按照记号图继续钩织。第11行（侧面第4行）的钩织结束处（反面）如图。完成8个扇形花样。

- **作品25的材料**
  奥林巴斯 Milky Baby本白 35g
- **作品28的材料**
  奥林巴斯 Milky Baby粉色30g，白色10g
- **钩针** 4/0号
- **标准织片**
  每个花样钩织4.75cm×10行，每行约1cm
- **成品尺寸**
  参照图示

- **钩织方法**
  主体的钩织方法相同。作品25用本白毛线钩织；作品28的最终行和绳带用白色毛线，其他部分用粉色毛线钩织。
  ①钩织头部后方和侧面
  钩织16针锁针，参照记号图，在锁针的两侧钩织7行。然后接着头部后方钩织侧面，再无加减针钩织13行花样。

②钩织绳带穿入口（花边）
接着主体的钩织结束处，用长针和锁针钩织1行。
③完成
作品25用顶端有花样的绳带穿过，作品28则是在绳带顶端拼接绒球。

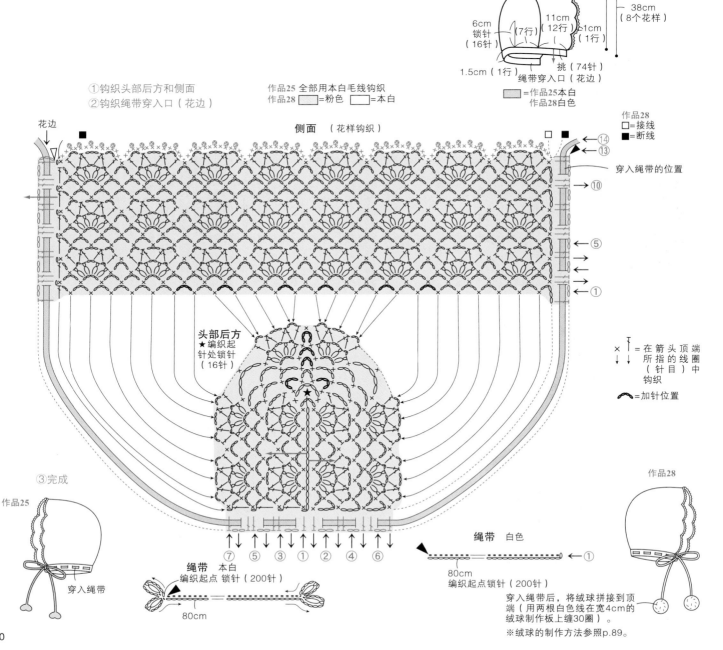

头部后方与侧面 （花样钩织）

11cm（12行）
6cm 锁针（16针）　（7行）　1cm（1行）
1.5cm（1行）　挑（74针）　绳带穿入口（花边）

38cm（8个花样）

■=作品25本白
　作品28白色

①钩织头部后方和侧面
②钩织绳带穿入口（花边）

作品25 全部用本白毛线钩织
作品28 ■=粉色 □=本白

侧面 （花样钩织）

作品28
□=接线
■=断线

穿入绳带的位置

⑭ ⑬ ⑩ ⑤ ①

× ↑ = 在箭头顶端所指的线圈（针目）中钩织
⌒ =加针位置

花边

头部后方
★编织起针处锁针（16针）

③完成

作品25
穿入绳带

作品28

绳带 本白
编织起点 锁针（200针）
80cm

⑦ ⑤ ③ ① ② ④ ⑥

绳带 白色
80cm
编织起点 锁针（200针）
← ①

穿入绳带后，将绒球拼接到顶端（用两根白色线在宽4cm的绒球制作板上缠30圈）
※绒球的制作方法参照p.89。

- **作品26的材料**
  奥林巴斯 Milky Baby本白25g
- **作品27的材料**
  奥林巴斯 Milky Baby粉色25g，
  白色5g
- **钩针**　4/0号
- **成品尺寸**　参照图示

- **钩织方法**
  作品26用本白毛线钩织2行花边。作品27的主体用粉色毛线钩织，花边和绳带装饰用白色毛线钩织。
  ①钩织脚尖
  在圆环中织入8针短针，接着用环形钩织的方法织入8行后剪断线。
  ②钩织侧面
  从脚尖挑起，在第2行的左右两侧逐一加针，然后在第9~11行的中央进行脚跟部分的减针。

③订缝脚跟（参照p.32）
★与☆对齐，卷针订缝。
④钩织花边
侧面钩织结束处对折后卷针订缝，再在后面中央接线钩织成圆形。在前面中心处，将钩针插入侧面第1行的顶端，织入短针2针并1针，第2行（仅作品26）织入引拔针。
⑤完成
钩织绳带装饰、打蝴蝶结，缝好固定在前面中央。

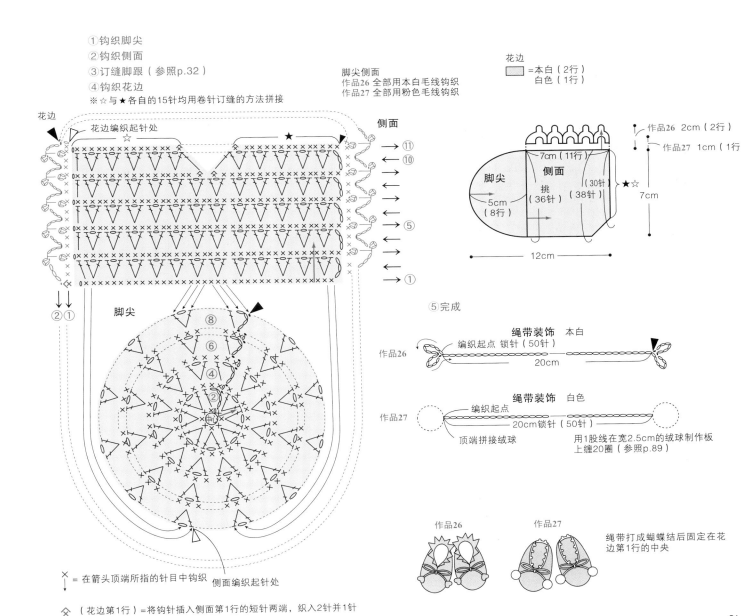

①钩织脚尖
②钩织侧面
③订缝脚跟（参照p.32）
④钩织花边
※☆与★各自的15针均用卷针订缝的方法拼接

脚尖侧面
作品26 全部用本白毛线钩织
作品27 全部用粉色毛线钩织

花边
□ =本白（2行）
　白色（1行）

花边　侧面

作品26　2cm（2行）
作品27　1cm（1行）

脚尖　侧面
7cm（11行）
挑（36针）　（30针）
（8行）　（38针）
★☆
5cm
7cm
12cm

脚尖

⑤完成

绳带装饰　本白
作品26
编织起点 锁针（50针）
20cm

绳带装饰　白色
作品27
编织起点
20cm锁针（50针）
顶端拼接绒球
用1股线在宽2.5cm的绒球制作板上缠20圈（参照p.89）

作品26　作品27
绳带打成蝴蝶结后固定在花边第1行的中央

× = 在箭头顶端所指的针目中钩织　　侧面编织起点

✿ （花边第1行）＝将钩针插入侧面第1行的短针两端，织入2针并1针

26 **27** 婴儿鞋

0~12个月 编织方法 ⋯⋯ p.31

· 此处为方便说明用不同颜色的线编织。

脚尖（主体编织起针处）的钩织方法、从中心开始环形编织时（用线头制作圆环的方法）

*1~8 行正面向上朝同一方向编织。

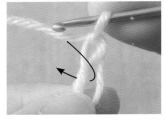

引拔抽出的线

1. 按照p.92"起针的方法"钩织完步骤1~3后，在针尖挂线，钩织1针立起的锁针。

2. 钩针按照箭头所示插入线圈中，针尖挂线后引拔抽出。

3. 再次在针尖挂线，引拔抽出。完成1针短针（右下图）。

4. 在圆环中钩织8针短针后，拉紧线头，缩小圆环。

侧面的钩织方法（往复钩织）

* 反面向上钩织第 1~11 行的奇数行，正面向上钩织偶数行。

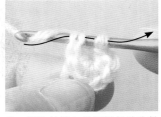

5. 将钩针插入最初短针的头针（2根横线）中，挂线后引拔抽出。第1行完成（右下图）。

6. 按照记号图一边钩织2~8行一边加针。脚尖的第8行钩织完成后如图。

1. 反面向上钩织第1行，织入短针。图示部分为第1行的钩织终点，钩织完第2行3针锁针起立针后如图。

2. 将织片翻到正面，按照记号图继续钩织第2行。

脚跟的订缝方法（卷针订缝）

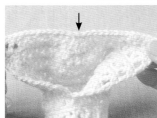

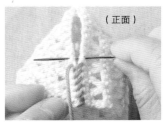
（正面）

（反面）

3. 按照记号图，钩织第9行至第11行中央（脚尖部分）的同时进行减针（箭头位置）。

4. 脚尖、侧面完成（为了使图片更清晰，使用了不同颜色的线进行区分）。

1. 使用钩织结束处的线头，正面向上将相接的针目逐一挑起后卷针订缝。两端的针目穿两次针。

2. 线头穿到反面，不要影响其他针目。

兜帽、婴儿鞋

编织方法 作品 **27**…… p.31 作品 **28**…… p.30
重点教程 作品 **27**…… p.32 作品 **28**…… p.29
设计 …… 河合真弓   制作 …… 关谷幸子
惹眼的两个大绒球，给人可爱乖巧的印象。

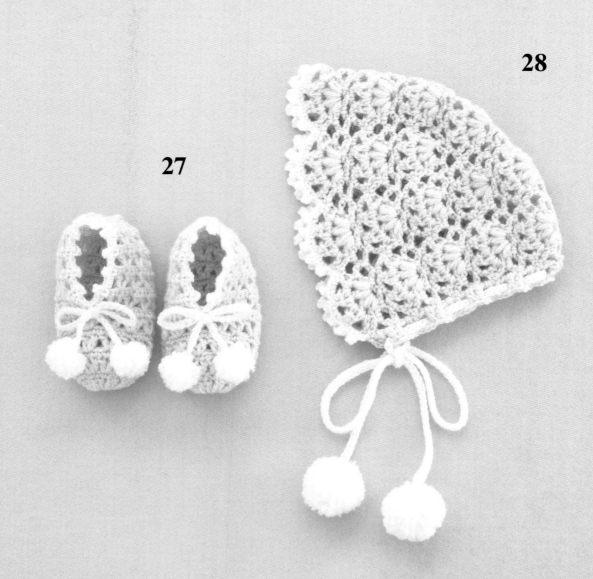

28

27

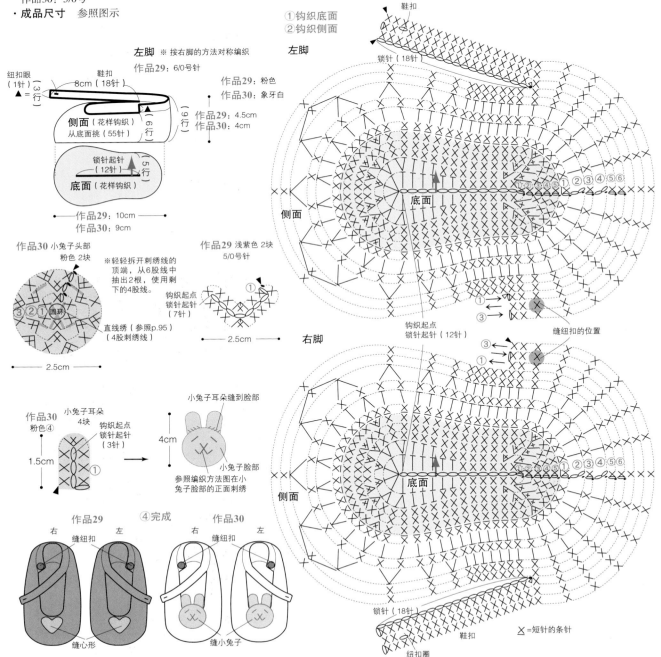

· 作品29的材料
奥林巴斯 Premier粉色21g，浅紫色少许
直径1.0cm的纽扣2颗
· 作品30的材料
奥林巴斯 Milky Baby象牙白21g，粉色1g
直径1.0cm的纽扣2颗
刺绣线（巧克力灰色）少许
· 钩针
作品29：6/0、5/0号
作品30：5/0号
· 成品尺寸 参照图示

· 钩织方法
①钩织底面
钩织锁针（12针），然后用花样钩织的方法
按照图示钩织至第5行。
②钩织侧面
接着底面用花样钩织的方法织入6行，接着
剪断线。在指定的位置接线，制作鞋扣，同
时钩织3行。

③钩织花样
作品29钩织心形：
织入7针锁针，按照图示方法钩织。
作品30钩织小兔子：
小兔子的脸部织入圆环起针，然后再钩织3
行。小兔子的耳朵处织入3针锁针，再钩织1
行。参照图示方法拼接脸部与耳朵。
④完成
参照完成步骤，拼接。

左脚　※按右脚的方法对称编织
作品29：6/0号针

纽扣眼（1针）（3行）▲ ＝3行
鞋扣 8cm（18针）
侧面（花样钩织）从底面挑（55针）
（6行）（6行）
作品29：粉色
作品30：象牙白
作品29：4.5cm
作品30：4cm
锁针起针（12针）（5行）
底面（花样钩织）
作品29：10cm
作品30：9cm

作品30 小兔子头部 粉色 2块
※轻轻拆开刺绣线的顶端，从6股线中抽出2根，使用剩下的4股线
③②①奥环
直线绣（参照p.95）（4股刺绣线）
2.5cm

作品29 浅紫色 2块 5/0号针
钩织起点 锁针起针（7针）①
2.5cm

右脚

作品30 小兔子耳朵 4块 粉色④
钩织起点 锁针起针（3针）①
1.5cm

小兔子耳朵缝到脸部
4cm
小兔子脸部
参照编织方法图在小兔子脸部的正面刺绣

作品29
右　左
缝纽扣
缝心形

④完成

作品30
右　左
缝纽扣
缝小兔子

①钩织底面
②钩织侧面
左脚
鞋扣
锁针（18针）
侧面
底面
①②③④⑤⑥ ①②③④⑤⑥
①③
钩织起点 锁针起针（12针）
缝纽扣的位置
①③

右脚
侧面
底面
①②③④⑤⑥ ①②③④⑤⑥
锁针（18针）
鞋扣
纽扣圈
Ｘ＝短针的条针

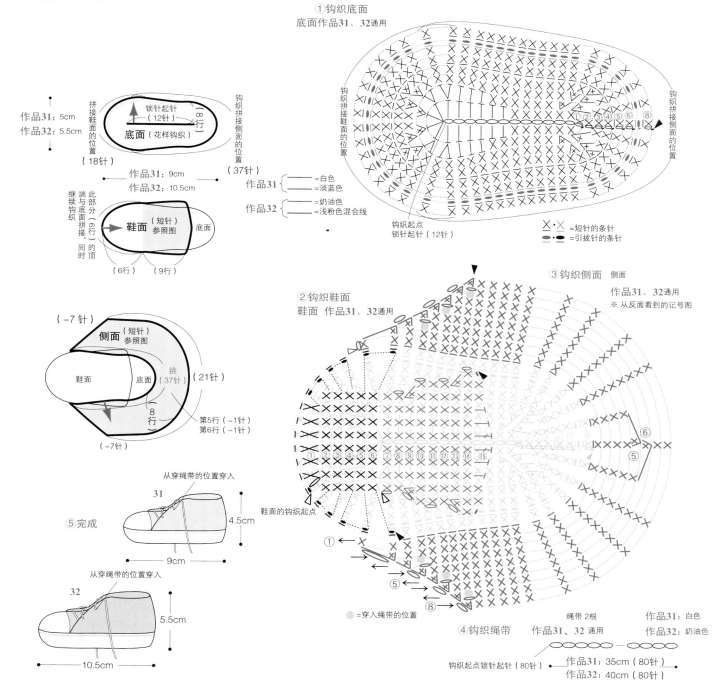

·作品31的材料
奥林巴斯 Milky Baby 白色14g，淡蓝色10g
·作品32的材料
奥林巴斯 Milky Baby 奶油色14g
奥林巴斯 Make Make Cocoto浅粉色混合线
13g
·钩针
作品31：5/0号
作品32：6/0号

·成品尺寸　参照图示
·编织方法
①钩织底面
织入12针锁针起针，用花样编织的方法参照编织图钩织8行。
②钩织鞋面
参照鞋面图，6行顶端与底面钩织拼接的同时继续钩织9行。

③钩织侧面
侧面参照图示，从底面挑针后钩织8行。
④钩织绳带
绳带织入80针锁针。
⑤完成
参照示意图，从穿绳带的位置穿入绳带。

作品31：5cm
作品32：5.5cm
拼接鞋面的位置
锁针起针（12针）
底面（花样钩织）
（18针）
钩织拼接侧面的位置
（37针）

作品31：9cm
作品32：10.5cm
继续钩织此部分与底面拼接（6行）同时的顶端
鞋面（短针）参照图
底面
（6行）（9行）

①钩织底面
底面作品31、32通用

作品31 {=白色 =淡蓝色}
作品32 {=奶油色 =浅粉色混合线}

钩织起点
锁针起针（12针）

×・× =短针的条针
= 引拔针的条针

（-7针）
侧面（短针）参照图
鞋面　底面
挑（37针）（21针）
8行
第5行（-1针）
第6行（-1针）
（-7针）

②钩织鞋面
鞋面 作品31、32通用

③钩织侧面 侧面
作品31、32通用
※ 从反面看到的记号图

鞋面的钩织起点

=穿入绳带的位置

④钩织绳带　作品31、32 通用
绳带 2根
作品31：白色
作品32：奶油色
钩织起点锁针起针（80针）
作品31：35cm（80针）
作品32：40cm（80针）

⑤完成

31
从穿绳带的位置穿入
4.5cm
9cm

32
从穿绳带的位置穿入
5.5cm
10.5cm

婴儿鞋

编织方法 …… p.34
设计 …… 冈本启子　制作 …… 宫崎满子

鞋尖加入花样装饰，鞋扣处采用纽扣开合设计。

29

12~24个月

30

0~12个月

婴儿鞋

编织方法 ⋯⋯ p.35
设计 ⋯⋯ 冈本启子　制作 ⋯⋯儿岛文惠

这款鞋就宛如真的板鞋一样！
用轻松活泼的毛线编织出轻巧柔美的作品，让房间里充满生机。

31　　　　　　**32**

0~12个月　　　　　　12~24个月

- **作品22的材料**
  奥林巴斯 Milky Baby象牙白23g
- **作品33的材料**
  奥林巴斯 Premier浅粉色15g，玫瑰粉色7g，
  白色4g，茶色少许
- **钩针**
  作品22：5/0号 作品33：7/0号、6/0号
- **标准织片**
  作品22：花样编织B 20针×25.5行/10cm²
  作品33：花样编织B 18.5针×22.5行/10cm²
- **成品尺寸** 参照图示

- **钩织方法**
  ①钩织主体
  ♥与♥处用卷针订缝：
  织入24针锁针起针，呈环形，接着用花样A
  钩织4行，然后用花样B钩织15行。钩织减
  针的同时继续钩织3行。♥与♥处用卷针的
  方法订缝。（参照p.39）
  ②钩织大拇指
  在大拇指的位置接线，用短针挑针钩织呈环
  形，织入6行。编织线穿入最终行所有的针
  目中，收紧。

③钩织花朵
环形编织起针，按照图示方法钩织1行。
④钩织绳带
绳带织入70针锁针。
⑤钩织耳朵（仅作品33）
织入4针锁针起针，按照图示方法用短针织
入2行。
⑥钩织脸部（仅作品33）
圆环起针，按照图示方法钩织3行。
⑦完成
参照图拼接各部分。

作品**22**主体 ※作品22均用象牙白色线钩织
左右各钩织1块

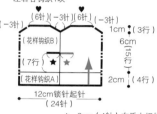

作品**33**主体
左右各钩织1块

⑤钩织耳朵
作品**33**的耳朵 4块 7/0号针

⑥钩织脸部
作品**33**的脸部 白色 2块 7/0号针

①钩织主体，♥与♥处用卷针接缝。
右手主体 作品**22**、**33** 通用 ※钩织成环形

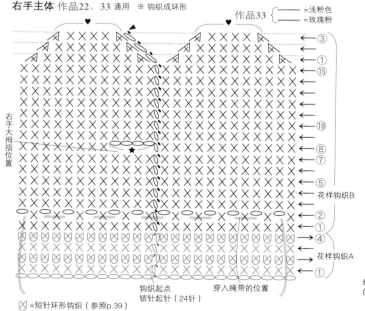

重点教程

22   **33**   手套

0~12个月 12~24个月

编织方法 …… p.38

· 图片以作品33为例进行解说。
· 为了方便解说，此处采用了不同颜色的缝纫线。

短针环形钩织的方法

花样A

钩织起点锁针（24针）

⊠ =短针环形钩织

1. 钩织花样A第2行立起的1针锁针。

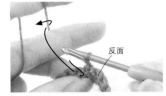

2. 换方向拿好织片，看着第1行的反面钩织。钩针插入短针的头针中，按照箭头所示挂线。

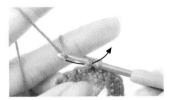

3. 中指挂线，压紧织片，引拔抽出线。

4. 按照箭头所示挂线，一次性引拔抽出。

5. 织入1针短针环形钩织后如图（反面）。从线圈中取出中指。重复步骤2~5。

6. 正面线圈完成。主体手腕侧的花样A与花样B钩织完数行后如图。

指尖的处理方法

1. 大拇指编织终点处将编织线从最终行所有针目的外侧半针中穿过，收紧。

2. 将四根手指最终行外侧的半针相互交替挑起，卷针订缝。

3. 订缝时需要注意编织线不要拉得太紧。

4. 订缝终点处，将缝纫针插入反面的针目中，线头藏到织片中，处理完成。

嵌花的缝合方法

1. 缝纫针穿到鞋面的织片中，将嵌花花样的反面挑起。

2. 鞋面的织片与嵌花花样的反面交替挑起，同时缝合。

手套

编织方法 ······ p.38
重点教程 ······ p.39
设计 ······ 冈本启子 制作 ······ 宫本真由美

手腕部分的环形钩织轻柔舒适，设计温馨可爱。
手套上的小兔子表情丰富，包含了刺绣者的心意。

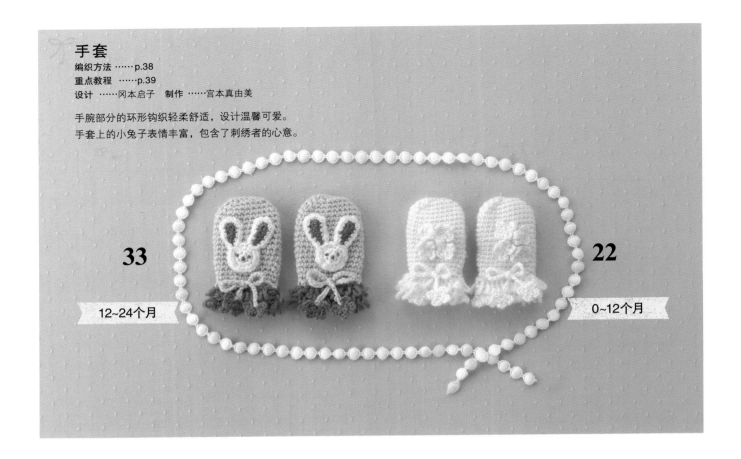

33

12~24个月

22

0~12个月

34

12~24个月

23

0~12个月

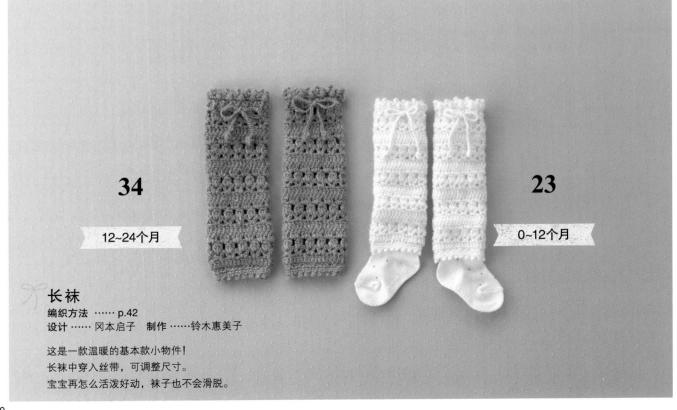

长袜

编织方法 ······ p.42
设计 ······ 冈本启子 制作 ······ 铃木惠美子

这是一款温暖的基本款小物件！
长袜中穿入丝带，可调整尺寸。
宝宝再怎么活泼好动，袜子也不会滑脱。

拼接领

编织方法 …… p.43
设计 …… 河合真弓　制作 …… 关谷幸子

拼接领上的绒球非常可爱，绳带可以调节长度，使用起来很方便。

这款拼接领用线量非常少，用手头上多余的线试着钩织几个吧。

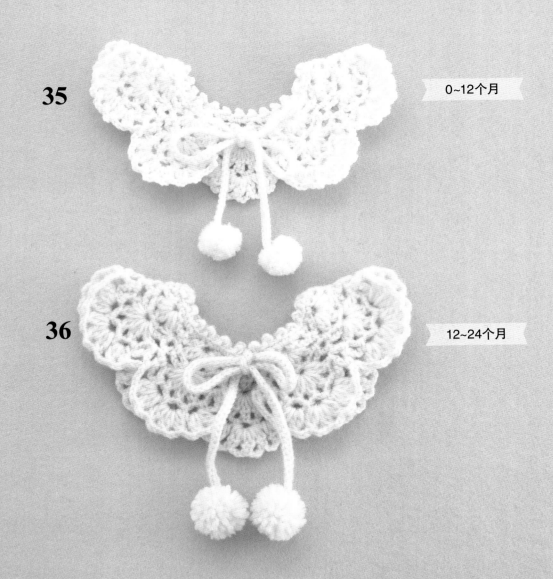

35　0~12个月

36　12~24个月

· **作品23的材料**
奥林巴斯 Milky Baby象牙白46g
· **作品34的材料**
奥林巴斯 Make Make Cocoto粉色混合线56g
· **钩针**
作品23：5/0号 作品34：6/0号
· **标准织片**
作品23：花样钩织22针×10行/10cm²
作品34：花样钩织19.5针×9行/10cm²

· **成品尺寸**
作品23：周长16cm，长22cm
作品34：周长18cm，长25.5cm
· **钩织方法**
①钩织主体，★与★处挑针接缝
织入锁针（35针）起针，按照图示方法用
花样钩织的方法钩织至20行。★与★处用
挑针接缝处理。
②钩织花边A
在钩织终点处接线，织入2行花边A，呈环
形状态。

③在钩织起点侧钩织花边B
在钩织终点处接线，织入3行花边B，呈
环形。
④钩织绳带，穿入主体
钩织120针锁针和装饰1，穿入主体的第20
行。在锁针的钩织起点处钩织拼接装饰2。

④钩织绳带，穿入主体
绳带

装饰1 作品23、24 通用（2根） 装饰2
（120针）
钩织起点
锁针起针（120针）
—— 作品23：34cm 作品34：46cm ——
※起点处从锁针的120针处开始钩织，钩织装饰1后
剪断。绳带穿入主体中，再钩织装饰2。

①钩织主体，★与★处用挑针接缝
②钩织花边A

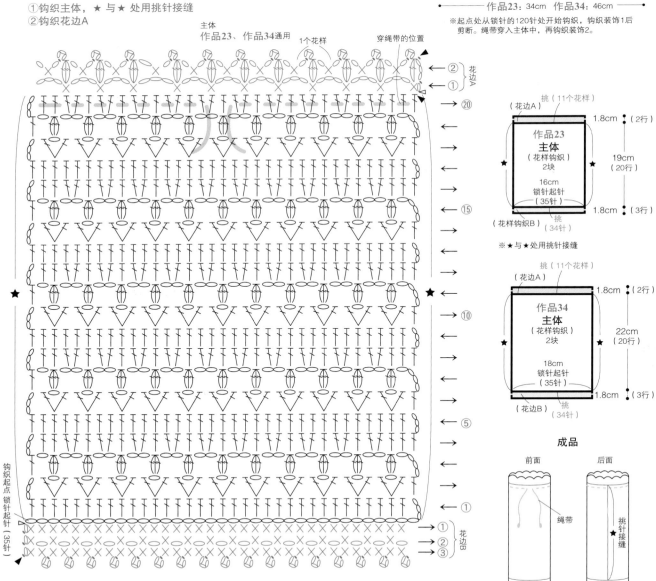

主体
作品23、作品34通用
1个花样
穿绳带的位置
←②花边A
←①

→⑳
←
→
←⑮
→
←
→⑩
←
→
←⑤
→
←
→①

钩织起点
锁针起针（35针）

①花边B
②
③

挑（11个花样）
（花边A）
作品23
主体
（花样钩织）
2块
16cm
锁针起针（35针）
1.8cm（2行）
19cm（20行）
1.8cm（3行）
（花样钩织B）
挑（34针）

※★与★处用挑针接缝

挑（11个花样）
（花边A）
作品34
主体
（花样钩织）
2块
18cm
锁针起针（35针）
1.8cm（2行）
22cm（20行）
1.8cm（3行）
（花边B）
挑（34针）

成品
前面 后面
绳带
挑针接缝
★

③在钩织起点侧钩织花边B

· **作品35的材料**
奥林巴斯 Milky Baby白色20g
· **作品36的材料**
奥林巴斯 Make Make Flavor白色20g
· **钩针**
4/0号
· **成品尺寸**
作品35：长6.5cm
作品36：长8cm

· **钩织方法**
①钩织主体
钩织73针锁针，然后用9个花样钩织6行，剪断线。
②钩织绳带和花边
在起针锁针钩织结束的针目中接线，钩织绳带的起针，再用引拔针往回钩织，接着从起针进行挑针，钩织领口的花边，然后再钩织另一侧的绳带。
③完成（参照p.89）
绒球拼接到绳带顶端。

①钩织主体
②钩织绳带和花边

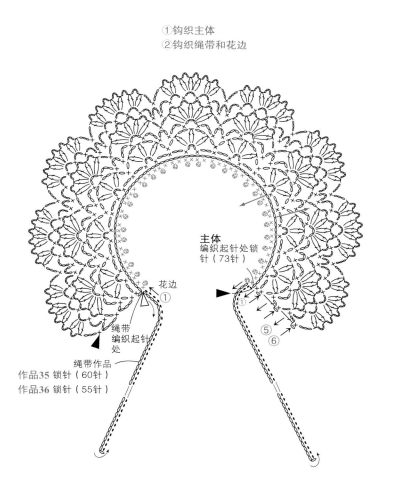

主体
编织起针处锁针（73针）

花边
①

绳带编织起针处

绳带作品
作品35 锁针（60针）
作品36 锁针（55针）

①
⑤
⑥

作品35、36

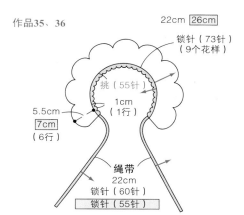

22cm 26cm

锁针（73针）
（9个花样）

挑（55针）

1cm
（1行）

5.5cm
7cm
（6行）

绳带
22cm
锁针（60针）
锁针（55针）

表示作品36的尺寸和针数

③完成（参照p.89）

作品35

绒球拼接到绳带顶端：
用1股线在2.5cm的绒球制作板上缠绕25圈后制作而成

作品36

绒球拼接到绳带顶端：
用1股线在3.5cm的绒球制作板上缠绕25圈后制作而成（参照p.89）

围巾

编织方法 …… p.46
设计 …… 冈本启子　制作 ……儿岛文惠

这一组是分别带有小熊与小兔子的大绒球个性围巾。
使用时，将绒球从小动物后面穿过去，缠好就可以了。

12~24个月

37

38

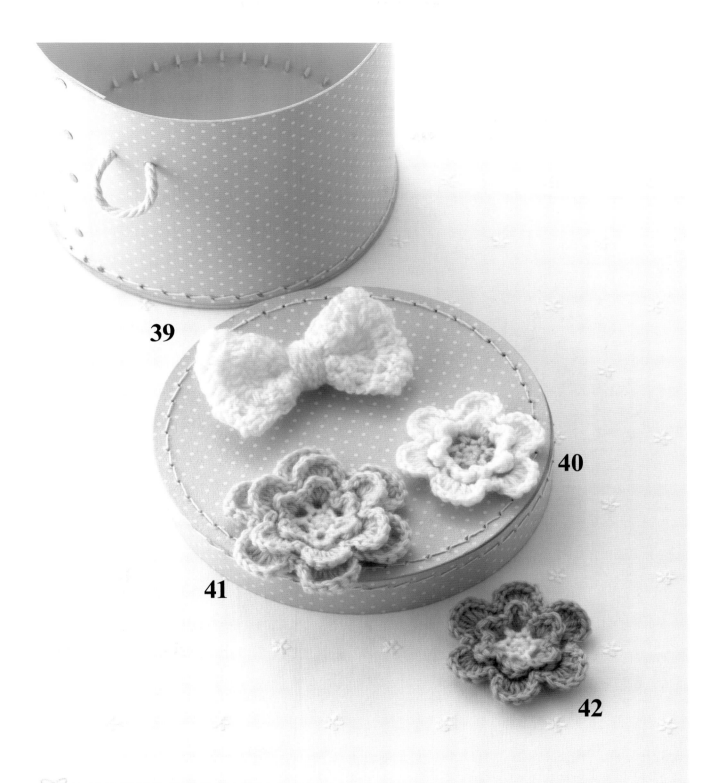

39

40

41

42

蝴蝶结胸针和花朵饰花别针
编织方法 ……p.47
设计 …… 河合真弓　制作 …… 栗原由美

这组作品是只需少许线就能钩织而成的胸针与饰花小物件。
这些小物件用多余的线头即可钩织，您可以充分享受搭配的乐趣。

- **作品37的材料**
  奥林巴斯 Tree House Leaves蓝色80g
  奥林巴斯 Premier灰色少许
- **作品38的材料**
  奥林巴斯 Tree House Leaves本白80g
  奥林巴斯 Premier灰色少许
- **钩针**　6/0号
- **标准织片**
  花样钩织：21.5针×8.5行/10cm²
- **成品尺寸**　参照图示

- **钩织方法**
  ①钩织主体
  织入锁针起针（15针），然后按照图示用花样钩织的方法织入51行。第51行的顶端用拱缝收紧。
  ②钩织绒球带
  织入锁针起针（5针），然后用短针按照图示方法钩织24行。
  ③钩织小兔子
  用圆环起针，按照图示方法钩织正、反织片各1块，再在作品正面刺绣。

钩织小熊
从中心开始环形编织，按照图示方法钩织正、反织片各1块，再在正面刺绣（参照p.95）．
④制作绒球
在7.5cm的纸板上用1股线缠30圈，制作出绒球（参照p.89）
⑤完成
参照完成步骤拼接。

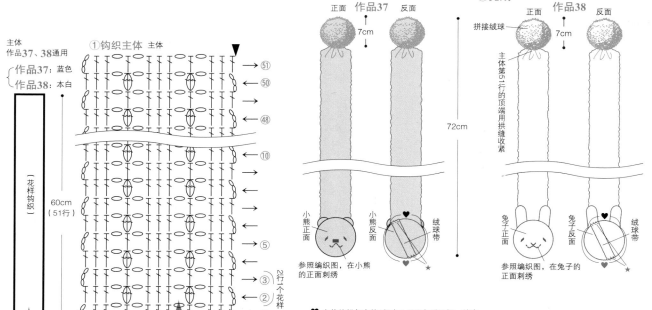

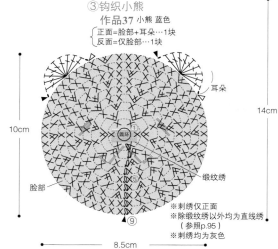

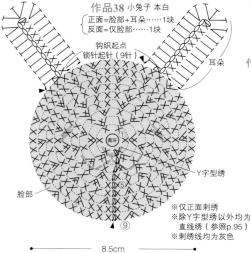

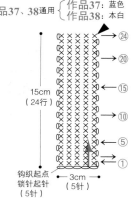

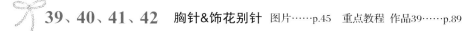

39、40、41、42　胸针&饰花别针　图片……p.45　重点教程　作品39……p.89

- 作品39的材料
  Hamanaka可爱宝贝本白7g
  长3.5cm的饰花别针1枚
- 作品40的材料
  Hamanaka可爱宝贝本白4g，烟粉色0.5g
- 作品41的材料
  Hamanaka可爱宝贝烟粉色6g，本白0.5g

- 作品42的材料
  Hamanaka可爱宝贝茶色5g，本白0.5g
- 作品40、41、42通用的材料
  长3.5cm的饰花别针各1枚
- 钩针　5/0号
- 成品尺寸　参照图示

- 作品39的钩织方法
  主体用花样钩织，带子用长针钩织。参照拼接方法，将饰花别针缝到反面。
- 作品40、41、42的钩织方法
  主体的钩织方法作品40、41、42通用，作品40、42的1~5行，作品41的1~7行参照配色表用指定的配色钩织。饰花别针缝到反面。

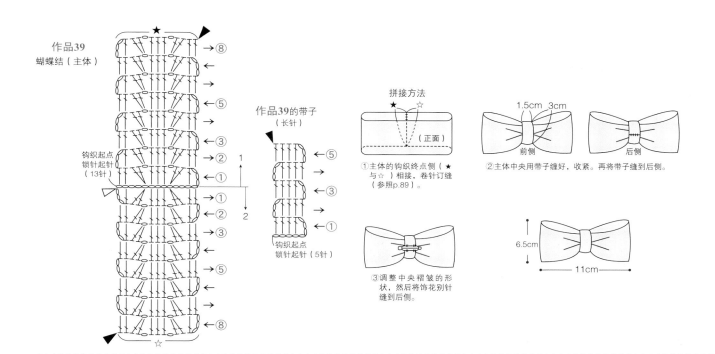

作品39
蝴蝶结（主体）

作品39的带子
（长针）

拼接方法

① 主体的钩织终点侧（★与☆）相接，卷针订缝（参照p.89）。

② 主体中央用带子缠好，收紧。再将带子缝到后侧。

③ 调整中央褶皱的形状，然后将饰花别针缝到后侧。

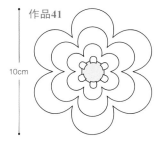

1.5cm　3cm

前侧　后侧

6.5cm　11cm

饰花　作品40、41、42通用　作品41：钩织1~7行
　　　　　　　　　　　　　作品40、41：钩织1~5行

※钩织第4行时将第2行、钩织第6行时将第4行的短针挑起钩织。

饰花配色表

饰花	1~2行	3~5行	6~7行
作品40	烟粉色	本白	
作品41	本白	烟粉色	烟粉色
作品42	本白	茶色	

拼接饰花的方法

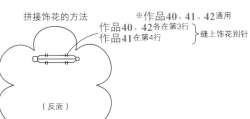

※作品40、41、42通用
作品40、42各在第3行
作品41在第4行 ｝缝上饰花别针

（反面）

作品41

10cm

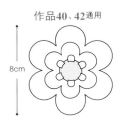

作品40、42通用

8cm

第 2 部分　帽子&围巾

这一部分介绍的是寒冷冬日里出门一定要佩戴的帽子和围巾。
围巾采用多种针法。帽子加上绒球、护耳后更显得活泼可爱。

43

44

围巾

编织方法　作品43······ p.58　作品44······ p.54、55
基础教程　作品44······ p.53
设计 ····· 河合真弓　制作 ····· 石川君枝

12~24个月

这是一款百搭的围巾，与p.56作品43的帽子可配套。
有了它，寒冷的冬季也变得温暖如春。

针织帽

编织方法 ······ p.50~51
设计······冈本启子　制作 作品45······宫崎满子　作品46、47······松富千香

下面要介绍的是拼接花朵、绒球，稍微改良而成的可爱针织帽。

多制作几顶，每天可以搭配不同的衣服。

45

0~12个月

46

12~24个月

47

12~24个月

- **作品45的材料**
  奥林巴斯 Milky Baby桃色35g，象牙白3g
- **作品46的材料**
  奥林巴斯 Milky Baby象牙白30g，米褐色5g
- **作品47的材料**
  奥林巴斯 Make Make橙色系26g
  奥林巴斯 Tree House Leaves橙色20g
- **钩针**
  作品45：5/0号
  作品46：6/0号
  作品47：7/0、6/0号

- **标准织片**
  作品45：花样钩织 1个花样7cm×10cm 11行
  作品46：花样钩织 1个花样 6.5cm×10cm 12行
  作品47：花样钩织1个花样7.3cm×10cm 9.5行
- **成品尺寸** 参照图示
- **钩织方法**
  ①钩织主体
  作品45：从中心开始环形编织，按图示方法用花样a钩织15行，接着钩织2行短针。
  作品46：从中心开始环形编织，按照图示方法用花样b钩织15行，接着钩织2行短针。
  作品47：从中心开始环形编织，按照图示方法用花样b边钩织13行，换线后再钩织3行花边。

②完成
作品45：花样用中心环形编织起针，接着织入7行，如此钩织2块，缝到主体上。
作品46：花样用中心环形编织起针，接着织入5行，如此钩织2块，缝到主体上。
作品47：参照p.89，制作绒球，缝到主体的中心。

①钩织主体

作品45　5/0号针
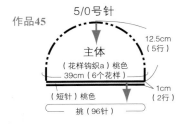
12.5cm（5行）
主体
（花样钩织a）桃色
39cm（6个花样）　1cm
（短针）桃色　（2行）
挑（96针）

作品46　6/0号针
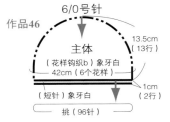
13.5cm（13行）
主体
（花样钩织b）象牙白
42cm（6个花样）　1cm
（短针）象牙白　（2行）
挑（96针）

作品47　7/0号针
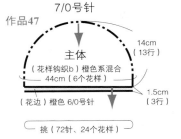
14cm（13行）
主体
（花样钩织b）橙色系混合
44cm（6个花样）
（花边）橙色 6/0号针　1.5cm（3行）
挑（72针、24个花样）

作品45
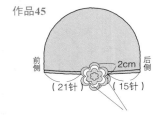
前侧　2cm　后侧
（21针）（15针）

作品46
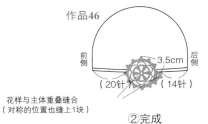
前侧　3.5cm　后侧
（20针）（14针）
花样与主体重叠缝合
（对称的位置也缝上1块）

②完成

作品47

绒球缝到主体中心

※绒球的制作方法（参照p.89）：
在宽7cm的厚纸上用1股线缠300圈。
中心拉紧打结，修剪成直径6cm的球状。

作品45　花样 2块 {=桃色 =象牙白
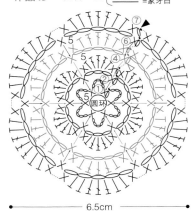
6.5cm

作品46　花样 2块 {=米褐色 =象牙白

7.5cm

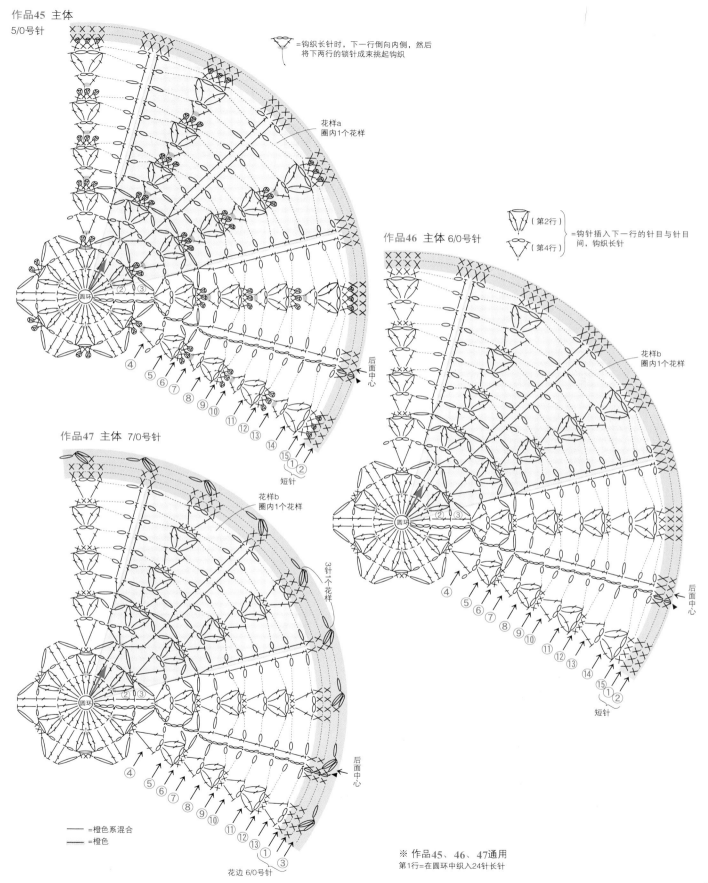

作品45 主体
5/0号针

＝钩织长针时，下一行倒向内侧，然后
将下两行的锁针成束挑起钩织

花样a
圈内1个花样

圆环
②③

④
⑤⑥
⑦⑧
⑨⑩
⑪⑫⑬
⑭
⑮①②
短针

后面中心

作品46 主体 6/0号针

（第2行）
（第4行）
＝钩针插入下一行的针目与针目
间，钩织长针

花样b
圈内1个花样

圆环
②③

④
⑤⑥
⑦⑧
⑨⑩
⑪⑫⑬
⑭
⑮①②
短针

后面中心

作品47 主体 7/0号针

花样b
圈内1个花样

圆环
②③

3针1个花样

④
⑤⑥
⑦⑧
⑨⑩
⑪⑫⑬
①③

后面中心

——＝橙色系混合
━━＝橙色

花边 6/0号针

※ 作品45、46、47通用
第1行＝在圆环中织入24针长针

51

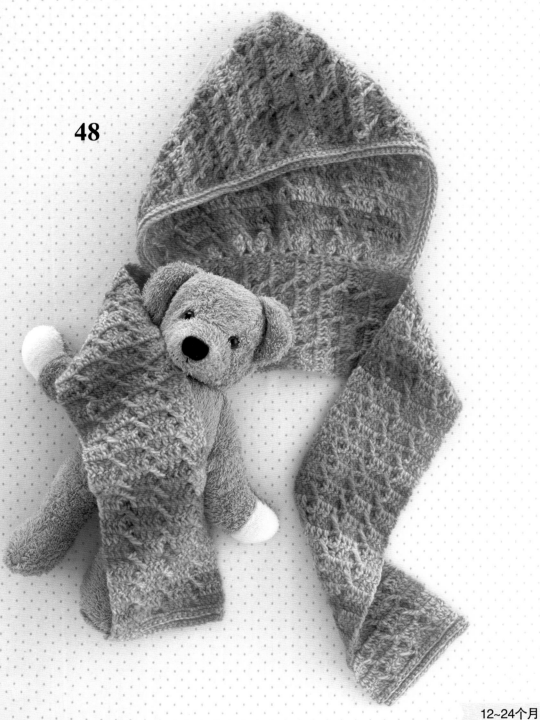

48

🎀 **围巾**

编织方法 ⋯⋯ p.54–55
重点教程 ⋯⋯ p.53
设计 ⋯⋯ 河合真弓　制作 ⋯⋯ 石川君枝

12~24个月

此款围巾的钩织方法与p.48的作品44相同，只是稍微加长了一些，
与帽子拼接而成。喜爱时尚的孩子们肯定爱不释手。这款围巾不仅
保暖防寒，还是装饰搭配中必不可少的款式。

基础教程

拉针　分为正拉针和反拉针。正拉针是从织片正面将指定行中针目的底部挑起；反拉针是从织片的反面将针目底部挑起钩织的方法。记号图中的记号表示的是从织片正面看到的状况，因此如果针目在右侧的话，要正面朝上，按照记号图钩织；如果针目在左侧的话，就是反面朝上，在正拉针的位置织入反拉针、反拉针的位置织入正拉针。只要掌握了这两点就没问题了。

长针的正拉针

1. 针上挂线，按照箭头所示从正面将织片的上一行挑起。

2. 挂线后引拔抽出。

引拔抽出的针目 ① ②

3. 挂线，按照①、②的顺序，分别穿过两个线圈。钩织完1针后如图a。

3针

4. 长针织片的中央织入3针长针的正拉针后如图。针目浮在表面，织片成立体状，非常有特点。

长针的反拉针

1. 针上挂线后，按照箭头所示从反面将织片的上一行挑起。

2. 挂线，按照箭头所示引拔抽出。

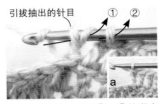

引拔抽出的针目 ① ②

3. 针上挂线，按照①、②的顺序，分别穿过两个线圈。钩织完1针后如图a所示。

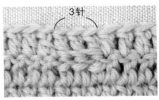

3针

4. 长针织片的中央织入3针长针的反拉针后如图。

看着织片正面钩织时

· 按照箭头（←）所示，从右到左看着记号图钩织

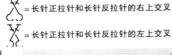

= 长针正拉针和长针反拉针的右上交叉
= 长针正拉针和长针反拉针的左上交叉

1. 按照箭头所示挑起②的针目，织入长针。

2. 挑起①的针目，织入长针。

3. 挑起④的针目，织入长针。

4. 挑起③的针目，织入长针。钩织完成后如图a所示。

看着织片反面钩织时

· 按照箭头（→）所示，从左到右看着记号图钩织

5. 按照箭头所示挑起②的针目，织入长针。

6. 挑起①的针目，织入长针。

用与记号图相反的方法钩织：织成

7. 挑起④的针目，织入长针，然后再挑起③的针目钩织。

8. 钩织完成后如图。图a为钩织完5行的状态。要牢记针目的走向。

- **作品44的材料**
  奥林巴斯 Make Make Cocoto
  灰色×茶色混合70g
- **作品48的材料**
  奥林巴斯 Make Make橙色混合140g
- **钩针**
  6/0号针
- **成品尺寸**
  作品44：宽11.5cm，长99cm（含流苏）
  作品48：宽11.5cm，长107cm
- **钩织方法**
  ①钩织主体
  作品44：主体钩织25针锁针起针，参照图示用花样钩织的方法织入73行。
  作品48：主体钩织25针锁针起针，参照图示用花样钩织的方法织入94行。
  ②钩织短针、花边
  作品44：主体的钩织终点和钩织起点处织入1行短针。作品48：主体的钩织终点和钩织起点处织入4行花边。
  ③钩织帽子（仅作品48）
  帽子钩织70针锁针起针，参照图用花样钩织的方法织入23行。♥部分对齐，用卷针订缝，再钩织4行花边，之后在帽子的下侧织入一行短针。
  ④完成
  作品44：分别在钩织起点和钩织终点的8个位置拼接流苏。
  作品48：主体的★与帽子的★相接，卷针缝合。

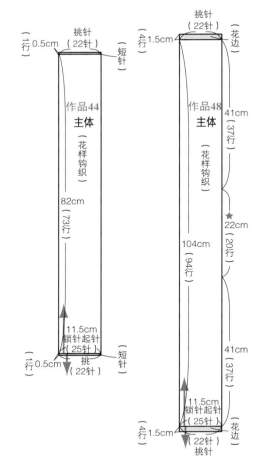

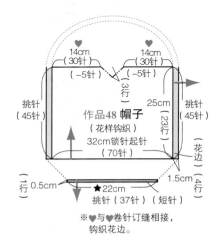

④完成

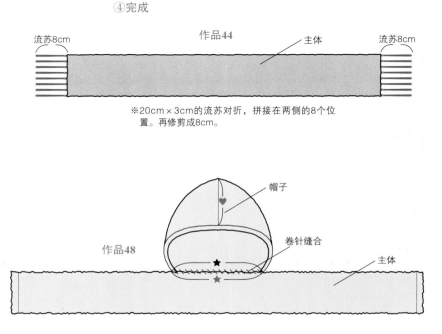

作品**44** 主体

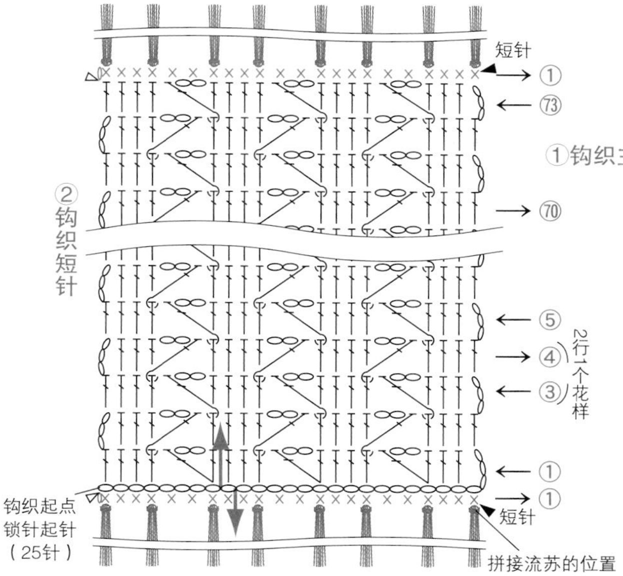

短针
①
73
①钩织主体
②钩织短针
70
5
4
3
2行1个花样
①
①
钩织起点
锁针起针（25针）
短针
拼接流苏的位置

作品**48** 主体

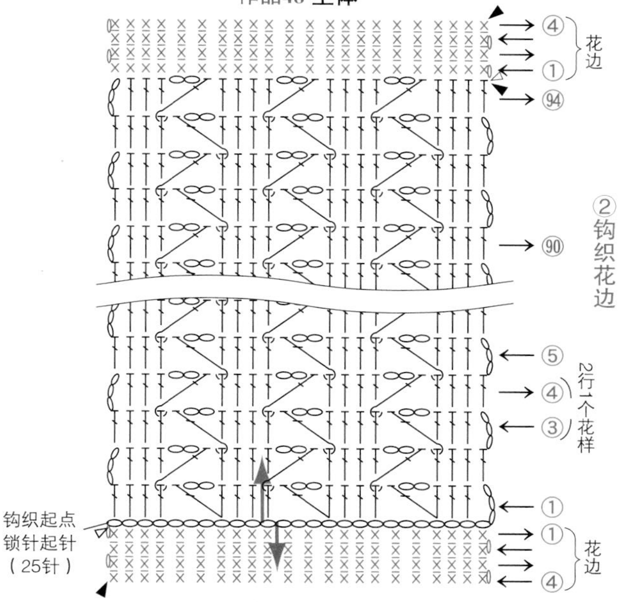

④
①
花边
94
②钩织花边
90
5
4
3
2行1个花样
①
①
④
花边
钩织起点
锁针起针（25针）

X=短针的棱针

③钩织帽子（仅作品48）

作品**48** 帽子

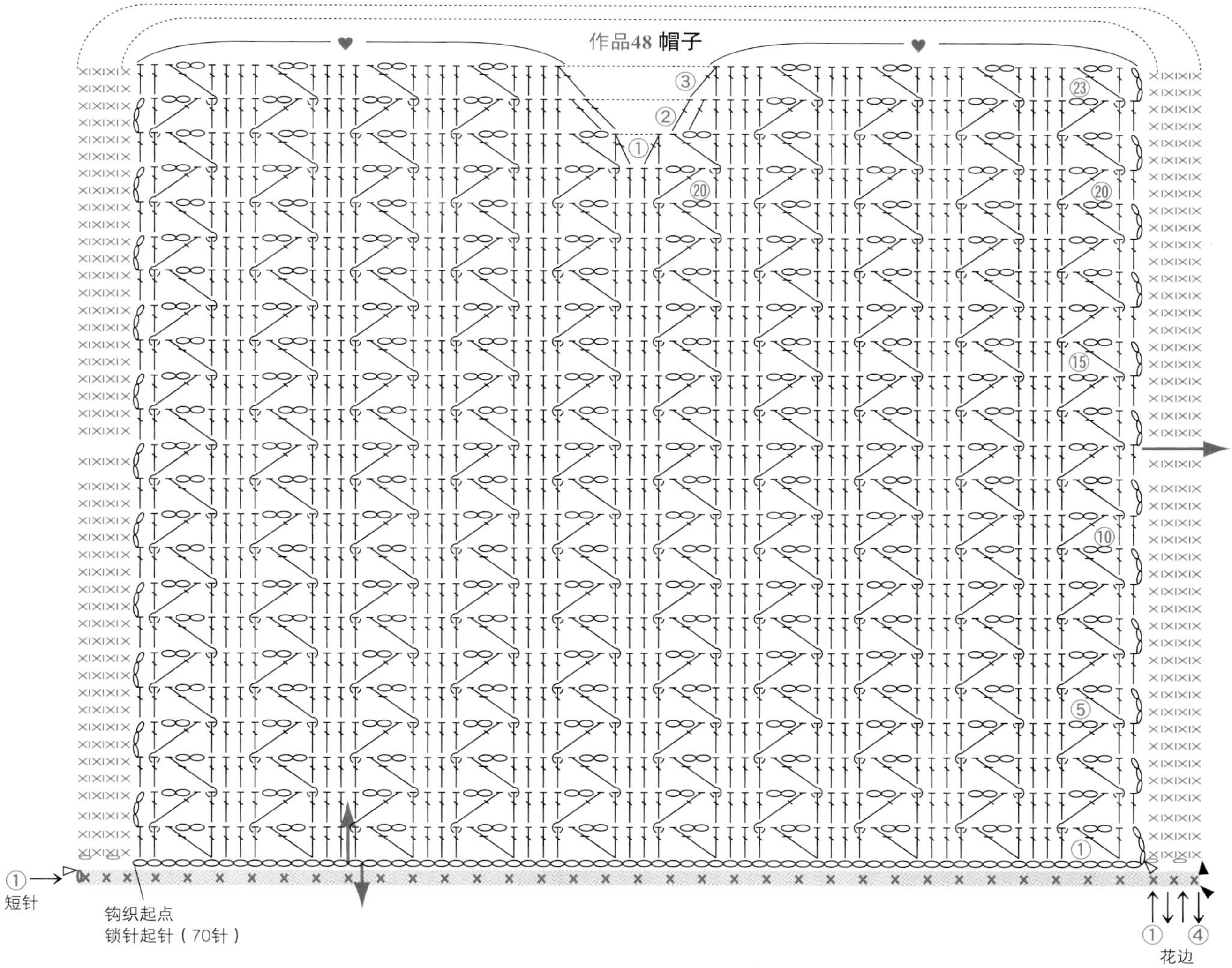

③
②
①
23
20
20
15
10
5
①
①
短针
钩织起点
锁针起针（70针）
①
④
花边

43

49

50

🎀 **帽子**

编织方法 ······ p.58

设计 ······ 河合真弓　制作 ······ 关谷幸子

小帽子加上绒球、护耳后更显得活泼可爱。

12~24个月

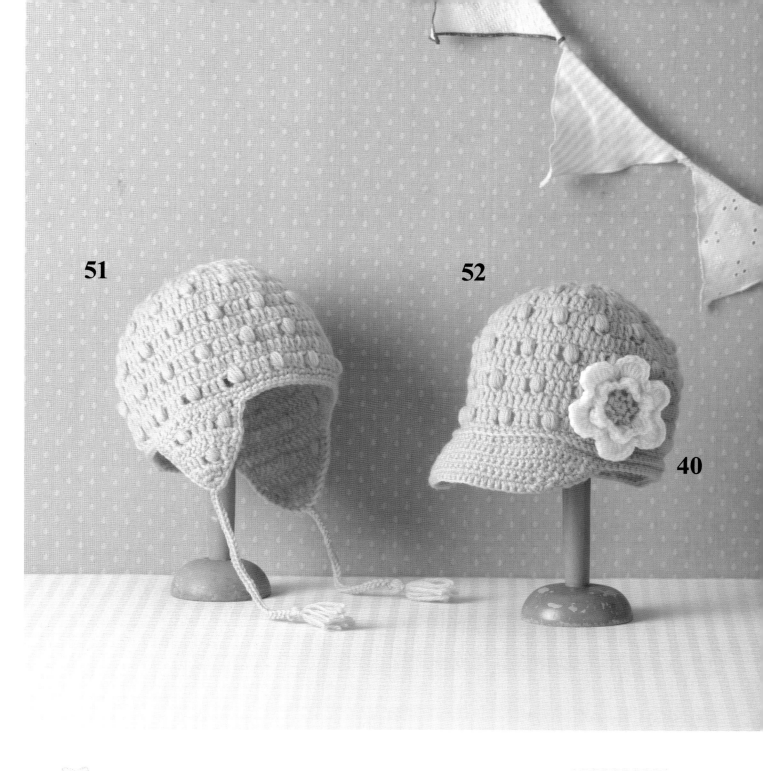

51

52

40

护耳针织帽&鸭舌帽

编织方法 …… p.59

重点教程 作品 51 …… p.91

设计 …… 河合真弓 制作 …… 关谷幸子

12~24个月

这两款能严实包裹住头部的护耳帽子，
在寒冷的日子外出时非常实用。鸭舌帽
还加入了大朵饰花。

作品43的材料
奥林巴斯 Make Make Cocoto
灰色×茶色混合50g

作品49的材料
奥林巴斯 Make Make Cocoto
粉色混合50g

作品50的材料
奥林巴斯 Make Make Cocoto
绿色系混合50g

· **钩针** 5/0号

· **成品尺寸** 头围44cm，深17cm

① 钩织主体
从中心开始环形编织，每行看着正面，织入17行花样钩织。

② 钩织花边
作品43、50：参照图，钩织4行。
作品49：参照图，钩织2行，但钩织完第1行后先钩织护耳部分的3行（两个位置），然后再参照图钩织第2行。

③ 完成
作品43：参照图，制作1个直径8cm的绒球，缝好（参照p.89）。
作品49：从花朵中心开始环形编织，钩织1行。钩织完两块后缝到主体。
作品50：参照图，制作2个直径6cm的绒球，缝好（参照p.89）。

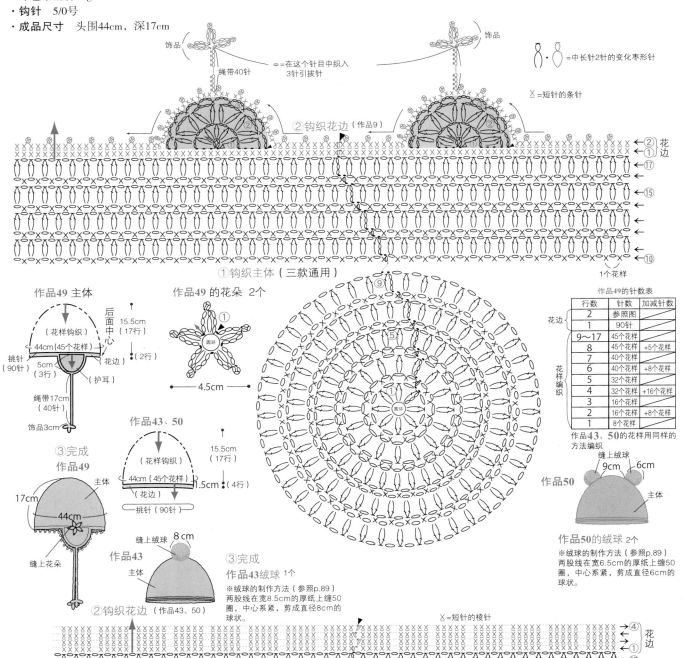

作品49的针数表

	行数	针数	加减针数
花边	2	参照图	
	1	90针	
花样编织	9~17	45个花样	
	8	45个花样	+5个花样
	7	40个花样	
	6	40个花样	+8个花样
	5	32个花样	
	4	32个花样	+16个花样
	3	16个花样	
	2	16个花样	+8个花样
	1	8个花样	

作品43、50的花样用同样的方法编织

作品50的绒球 2个
※绒球的制作方法（参照p.89）
两股线在宽6.5cm的厚纸上缠50圈，中心系紧，剪成直径6cm的球状。

作品43绒球 1个
※绒球的制作方法（参照p.89）
两股线在宽8.5cm的厚纸上缠50圈，中心系紧，剪成直径8cm的球状。

- **作品51的材料**
  Hamanaka可爱宝贝嫩绿色40g
- **作品52的材料**
  Hamanaka可爱宝贝烟粉色40g
- **钩针**　5/0号
- **标准织片**
  花样钩织19针×8.5行/10cm²
- **成品尺寸**　参照图示

- **作品51的钩织方法**
  ①钩织主体
  钩织13行主体。左、右护耳在主体的指定位置钩织5行，然后在主体的帽口与左、右护耳周围钩织一圈短针，进行调整。
  ②完成
  在护耳顶端接线，钩织螺纹线绳（参照p.91），接着拼接线穗（参照p.91），完成。

- **作品52的钩织方法**
  ①钩织主体
  钩织13行主体，接着钩织2行短针的棱针。在前面中心的33针处接线，左右减针的同时，织入7行短针，钩织帽檐。
  ②完成
  接着主体的帽口和帽檐处钩织1行花边，完成。

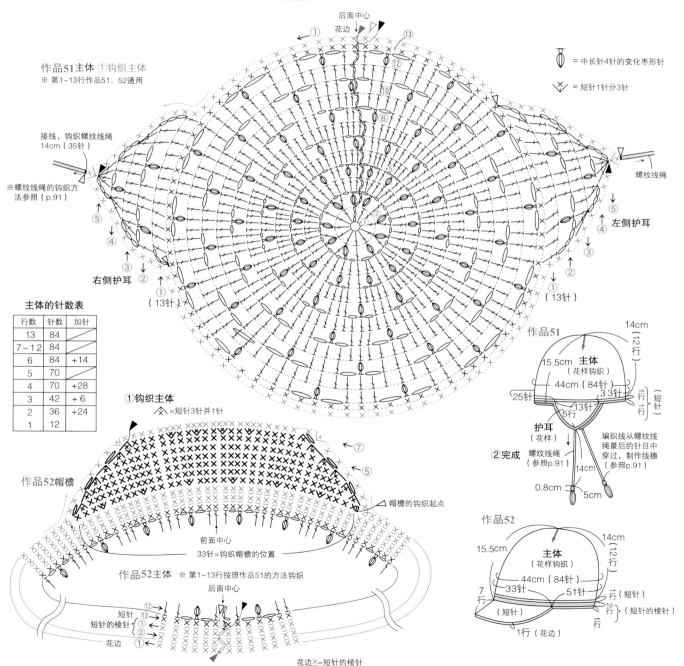

主体的针数表

行数	针数	加针
13	84	
7~12	84	
6	84	+14
5	70	
4	70	+28
3	42	+6
2	36	+24
1	12	

= 中长针4针的变化枣形针

= 短针1针分3针

作品51主体 ①钩织主体
※ 第1~13行作品51、52通用

接线，钩织螺纹线绳 14cm（35针）
※螺纹线绳的钩织方法参照（p.91）

右侧护耳　左侧护耳

①钩织主体
= 短针3针并1针

作品52帽檐

前面中心
33针=钩织帽檐的位置
帽檐的钩织起点

作品52主体 ※ 第1~13行按照作品51的方法钩织
后面中心
短针 短针的棱针 花边
花边 = 短针的棱针

作品51
14cm（12行）
15.5cm　主体（花样钩织）
44cm（84针）
25针　33针
13针
5针
护耳（花样）
螺纹线绳（参照p.91）
②完成
编织线从螺纹线绳最后的针目中穿过，制作线穗（参照p.91）
14cm　0.8cm　5cm

作品52
14cm（12行）
15.5cm　主体（花样钩织）
44cm（84针）
7行　33针　51针　短针　短针的棱针
1行（花边）

53

54

12~24个月

🎀 **帽子、围巾**
编织方法　作品53…… p.62　作品54…… p.63
重点教程　作品54…… p.61
设计 …… 河合真弓　制作 …… 关谷幸子

外出必备！为宝宝钩织一套御寒的帽子围巾吧。
帽子上的花样可是亮点哦。

重点教程

54

围巾

| 12~24个月 | 编织方法 …… p.63 |

·为方便讲解,此处使用了不同颜色的线进行钩织。

带两针长针小链针的枣形针

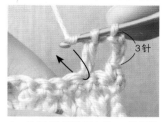

1. 钩织1针锁针起立针、1针短针,再钩织3针锁针,在上一行跳过的1针中钩织2针未完成长针。

2. 针尖挂线后按照箭头所示一次性引拔穿过3个线圈。

3. 引拔钩织完成长针2针的枣形针后如图。

4. 钩织锁针3针的小链针,在步骤2的三个线圈的同一针目中插入钩针,然后按照箭头所示一次性引拔穿过4个线圈。

5. 引拔钩织完小链针后如图。带两针长针小链针的枣形针钩织完成。

6. 钩织3针锁针,在上一行跳过的1针中钩织短针。图片为钩织完1个花样的效果。

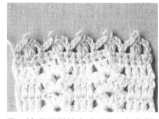

7. 按照同样的方法钩织5个花样。完成围巾的花边。

花样的拼接方法

1. 在主体钩织终点侧下方第3行中穿入颜色相同的线。

2. 穿到尽头后再从反方向穿一次。

3. 拉紧这两根线的线头,制作出褶皱。

4. 其中1根线头穿到主体中央,从正面拉出,用缝纫针从花样的反面穿到花心部分,缝好固定。

5. 线头处理完成。再按照同样的方法将花样拼接到编织起针处。

53 帽子 12~24个月 图片……p.60

· **材料**
奥林巴斯Make Make Flavor
橘粉色25g，粉色少许
· **钩针** 6/0号
· **成品尺寸**
头围42cm，深17cm

· **钩织方法**
①钩织主体
线圈起针后，用11行钩织成圆形。
②钩织花边
钩织花边。
③完成
钩织花朵后拼接。

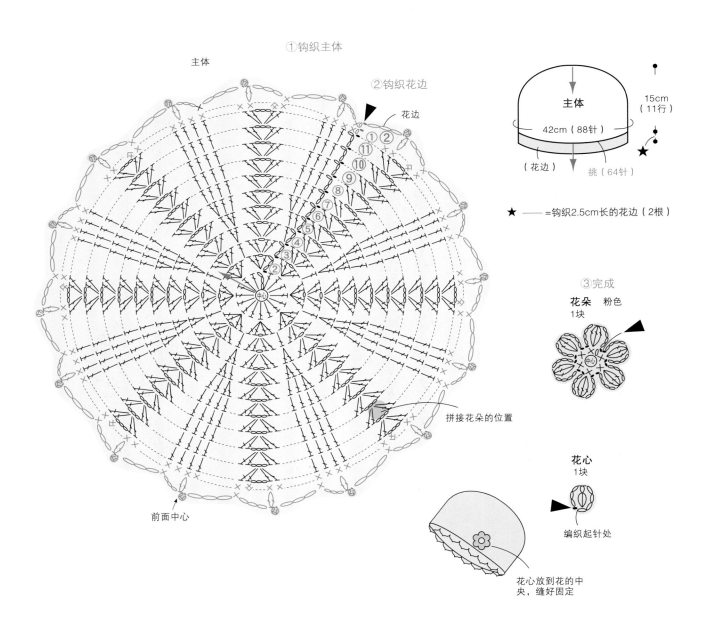

①钩织主体

主体

②钩织花边

花边

①②
⑪
⑩
⑨
⑧
⑦
⑥
⑤
④
③
②

中心

前面中心

拼接花朵的位置

主体

15cm
（11行）

42cm（88针）

（花边）
挑（64针）

★ —— =钩织2.5cm长的花边（2根）

③完成

花朵 粉色
1块

花心
1块

编织起针处

花心放到花的中央，缝好固定

54 围巾 12~24个月 图片……p.60 重点教程……p.61

・**材料**
奥林巴斯 Make Make Flavor
橘粉色45g，粉色少许
・**钩针** 6/0号
・**标准织片**
花样钩织：19针×7行/10cm²

・**成品尺寸**
宽11cm，长84cm
・**钩织方法**
①钩织主体
②钩织花边（参照p.61）
在主体的钩织结束处和起针处，钩织2行花边。

③完成（参照p.61）
在花样钩织上下第3行的头针处（钩织结束侧第53行的尾针）缝好拉紧，花心放到花朵的中央，再缝上花样。

①钩织主体
②钩织花边

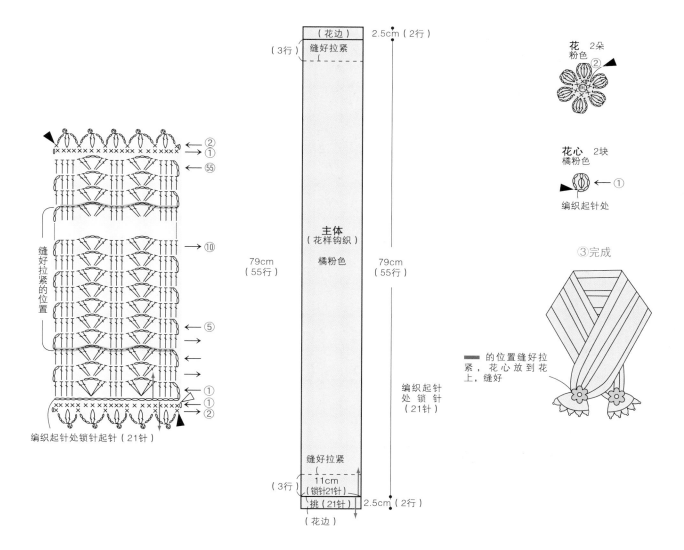

63

第3部分 襁褓

襁褓男孩女孩都适用，宝宝长大后妈妈还可以用来盖腿，非常方便。
这是一款充满记忆、伴随宝宝成长的单品。
钩织一件，和小玩偶一起，当作礼物送朋友吧。

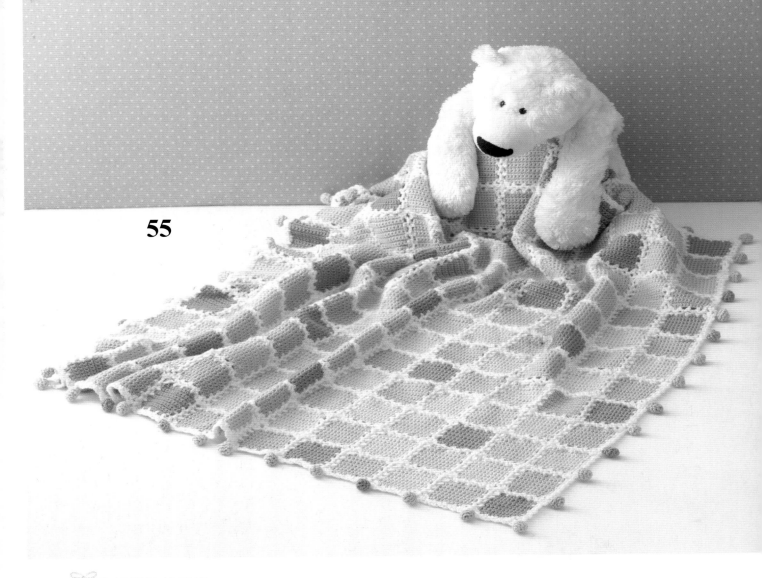

55

花样拼接的襁褓

编织方法 …… p.66~67
重点教程 …… p.5
设计 …… 冈本启子　制作 …… 矢野晶子

这是一款五彩花样钩织拼接的襁褓，
四边的圆球十分可爱。

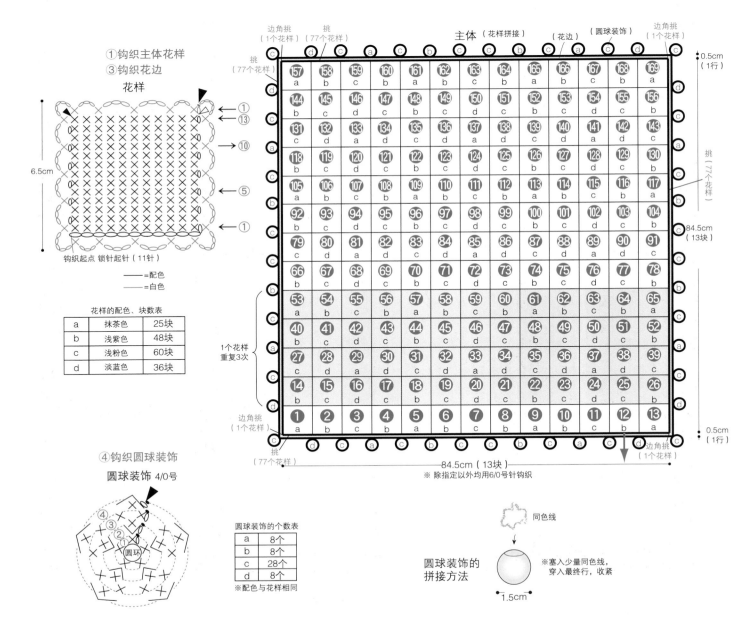

55 花样拼接的襁褓　12~24个月　图片……p.64–65　重点教程……p.5

- **材料**
  奥林巴斯 Premier浅粉色148g，白色140g，浅紫色104g，淡蓝色80g，抹茶色58g
- **钩针**　4/0、6/0号
- **标准织片**
  花样6.5cm × 6.5cm
- **成品尺寸**
  88.5cm × 88.5cm

- **钩织方法**
  ①钩织主体花样
  花样部分钩织11针锁针，参照图再钩织13行短针。换线，周围用短针和锁针钩织1行。
  ②钩织拼接169块花样
  从第2块花样开始用白色线钩织1行，接着与之前钩织的花样拼接（参照p.5）。短针部分参照配色表，纵横各13块，共钩织拼接169块。

  ③钩织花边
  将花样拼接的四边的针目挑起，周围钩织1行花边。
  ④钩织圆球装饰
  圆球用中心环形编织起针，参照图钩织4行。中间塞入同色线，编织线穿入最终行收紧。在花边的指定位置拼接圆球装饰。

①钩织主体花样
③钩织花边
花样

6.5cm

钩织起点 锁针起针（11针）

——=配色
——=白色

花样的配色、块数表

a	抹茶色	25块
b	浅紫色	48块
c	浅粉色	60块
d	淡蓝色	36块

④钩织圆球装饰
圆球装饰 4/0号

圆球

圆球装饰的个数表

a	8个
b	8个
c	28个
d	8个

※配色与花样相同

同色线

圆球装饰的拼接方法

※塞入少量同色线，穿入最终行，收紧

1.5cm

边角挑（1个花样）　挑（77个花样）　主体（花样拼接）　（花边）（圆球装饰）　边角挑（1个花样）

挑（77个花样）

0.5cm（1行）

挑（77个花样）

84.5cm（13块）

1个花样重复3次

边角挑（1个花样）

挑（77个花样）

边角挑（1个花样）

0.5cm（1行）

84.5cm（13块）

※除指定以外均用6/0号针钩织

主体 花样拼接

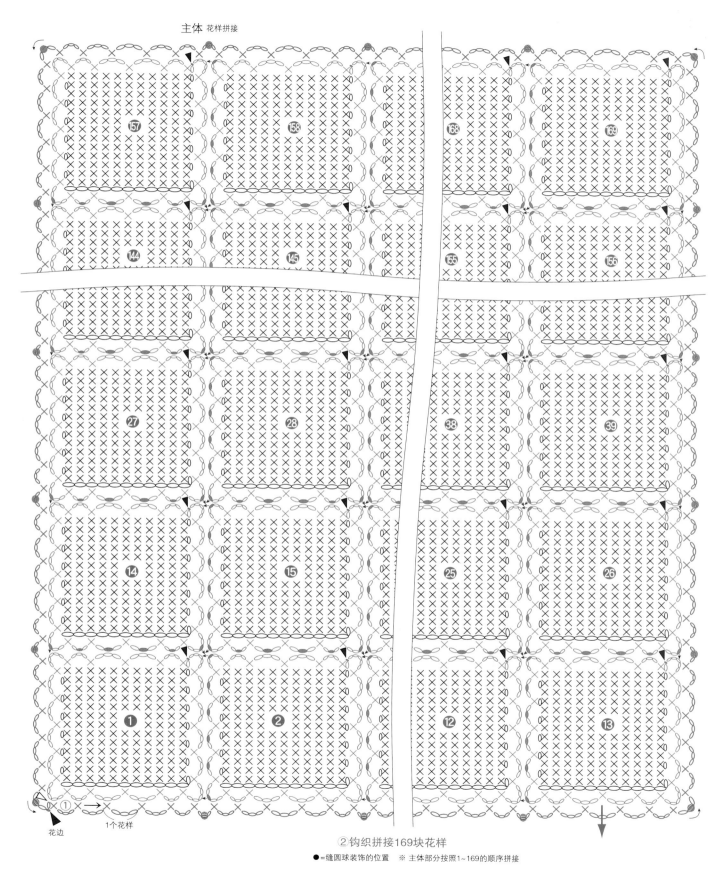

②钩织拼接169块花样

●=缝圆球装饰的位置　※ 主体部分按照1~169的顺序拼接

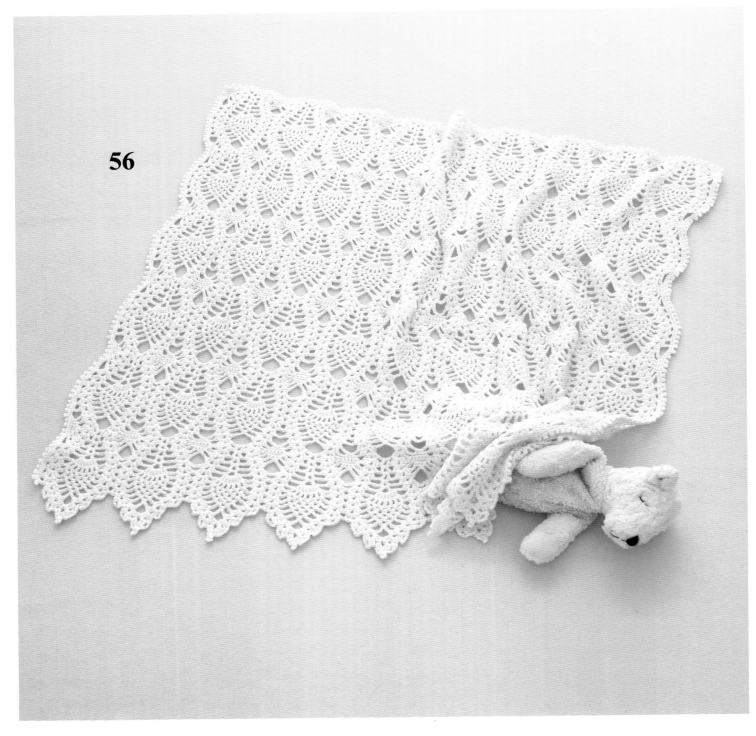

56

凤梨花样襁褓

编织方法 ······ p.70
重点教程 ······ p.69
设计 ······河合真弓　制作 ······石川君枝

这款漂亮的凤梨花样襁褓，样式甜美，宝宝长大后妈妈还可以用来盖腿，
或许会成为一件充满成长意义的纪念品。

56

凤梨花样襁褓

编织方法 …… p.70

凤梨花样的钩织方法

1. 从起针开始钩织1大块花样至80行，然后从下面一行开始逐一钩织凤梨花样。

2. 接着线头所在的左方1块花样继续钩织，完成。

3. 花样顶端留出15cm左右的线头，从终点处的针目中穿过，固定。

4. 织片反面向上钩织第2块，将针头插入上一行长针的头针中，抽出新线。抽出后样子如图所示。

5. 钩织3针锁针起立针和2针锁针，共计5针。

6. 看着记号图钩织长针、锁针、短针。

7. 钩织1~6行时，每行都变换织片的方向，如此继续钩织凤梨花样，钩织完第3行，样子如图。

8. 逐一完成8个花样。图片所示为钩织完第2块花样的效果。

线头的处理方法

1. 线头从缝衣针中穿过，织片反面向上，将它藏到2~3个针目中。

2. 再沿反方向从步骤1挑针位置旁边的针目中将线头穿到织片顶端。

3. 用剪刀剪断线头。

4. 线头处理完成，从正面看的样子如图。

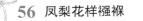 **56 凤梨花样褯裤** 图片……p.68 重点教程……p.69

· **材料**
奥林巴斯 Milky Baby奶油色毛线360g
· **钩针** 5/0号
· **标准织片**
花样钩织：9.5cm×10行/10cm²
· **成品尺寸** 87cm×87cm

· **钩织方法**
①钩织主体（参照p.69）
钩织198针锁针，然后用9个花样钩织
80行，钩织每个花样时都需拼接线，
呈山的形状。

②钩织花边
在左上端接线后，向三个方向钩织花
边。挑针时在短针和有一定高度的针目
上方的某个位置将针目分开挑起，将锁
针等长长的穿渡部分成束挑起。

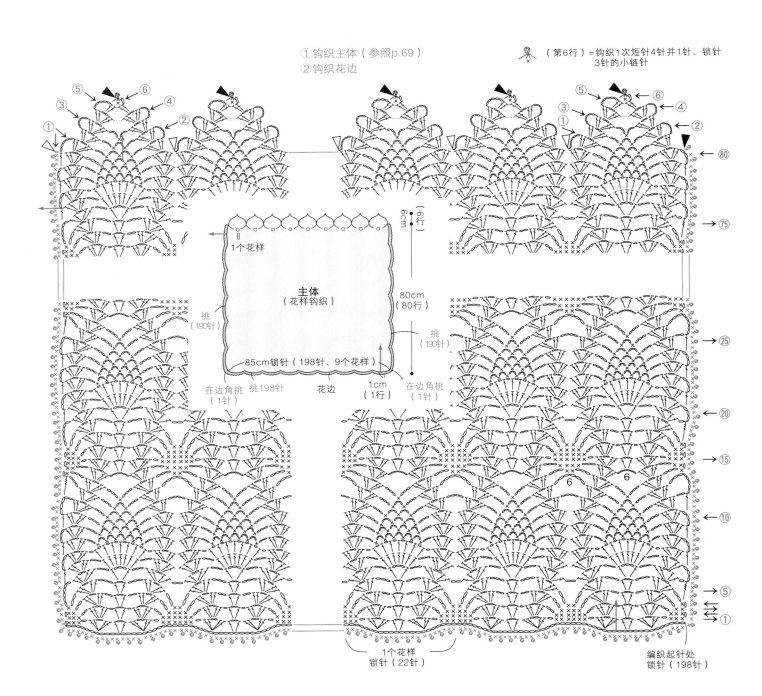

70

·材料
Hamanaka 可爱宝贝粉色20g
Hamanaka 4PLY黑色少许
Hamanaka 有机棉10g
·钩针　5/0号

·成品尺寸　参照图示
·钩织方法
①编织躯干
左侧、右侧均编织8针锁针起针，再无加减针编织29行。接着躯干看着正面继续编织1行花边。

②编织腿部、耳朵、尾巴
③完成
腿部夹到左右躯干之间，塞入有机棉，缝合（参照p.7）。

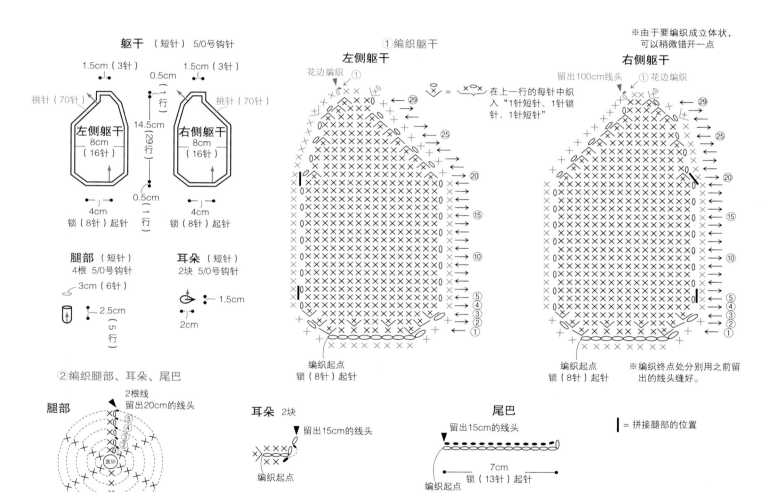

躯干　（短针）　5/0号钩针

1.5cm（3针）　　1.5cm（3针）
0.5cm
挑针（70针）　　　　挑针（70针）
左侧躯干　　　右侧躯干
8cm　　　　　8cm
（16针）　　　（16针）
14.5cm（29行）
0.5cm（一行）
4cm　　　　　4cm
锁（8针）起针　　锁（8针）起针

腿部（短针）　　耳朵（短针）
4根 5/0号钩针　　2块 5/0号钩针
3cm（6针）　　　　1.5cm
2.5cm（5行）　　　2cm

②编织腿部、耳朵、尾巴
腿部
2根线
留出20cm的线头
圆球

①编织躯干
左侧躯干
花边编织①
※由于要编织成立体状，可以稍微错开一点
右侧躯干
留出100cm线头　①花边编织

＝ 在上一行的每针中织入"1针短针、1针锁针、1针短针"

编织起点　　　　　编织起点
锁（8针）起针　　锁（8针）起针

※编织终点处分别用之前留出的线头缝好。

耳朵 2块
▲留出15cm的线头
编织起点

尾巴
留出15cm的线头
7cm
编织起点　　锁（13针）起针

▌ ＝拼接腿部的位置

③完成

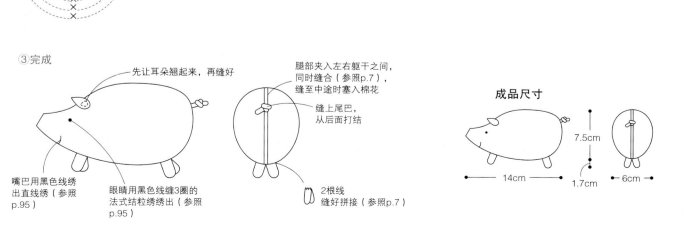

先让耳朵翘起来，再缝好

腿部夹入左右躯干之间，同时缝合（参照p.7），缝至中途时塞入棉花

缝上尾巴，从后面打结

成品尺寸
7.5cm
14cm　　1.7cm　　6cm

嘴巴用黑色线绣出直线绣（参照p.95）

眼睛用黑色线缠3圈的法式结粒绣绣出（参照p.95）

2根线缝好拼接（参照p.7）

雏菊花样襁褓

编织方法 …… p.74-75
重点教程 …… p.6
设计&制作 …… michiyo

小雏菊花样的襁褓很可爱，
喂奶和换衣服时盖在宝宝身上，非常方便。
宝宝长大后也可以用它来盖膝盖。

57

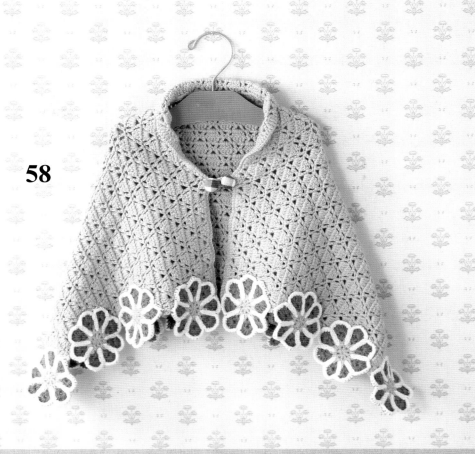

58

斗篷式襁褓

编织方法 ……p.74–75
重点教程 ……p.6
设计&制作 …… michiyo

这款襁褓大小只有作品 57 的一半，缝上纽扣
后可以用作斗篷。妈妈外出散步时正好可以放
在手提包中，尺寸正好，相当实用。

- **作品57的材料**
  Hamanaka有机羊毛 Field
  黄绿色290g，橄榄绿65g，本白50g
- **作品58的材料**
  Hamanaka有机羊毛 Field
  紫色150g，深紫色35g，本白25g，
  直径1.8cm的纽扣 2颗

- **钩针**　5/0号
- **标准织片**
  花样钩织 20针×12行/10cm²
- **成品尺寸**　参照图示
- **钩织方法**
  ①钩织主体
  织入188针锁针起针，然后钩织指定的行数。
  ②钩织花边（参照p.6）
  配色的同时分别钩织指定的块数。
  ③完成
  花样缝到主体周围（参照p.6）。作品58钩织纽扣圈，再将纽扣圈和纽扣缝到指定的位置。

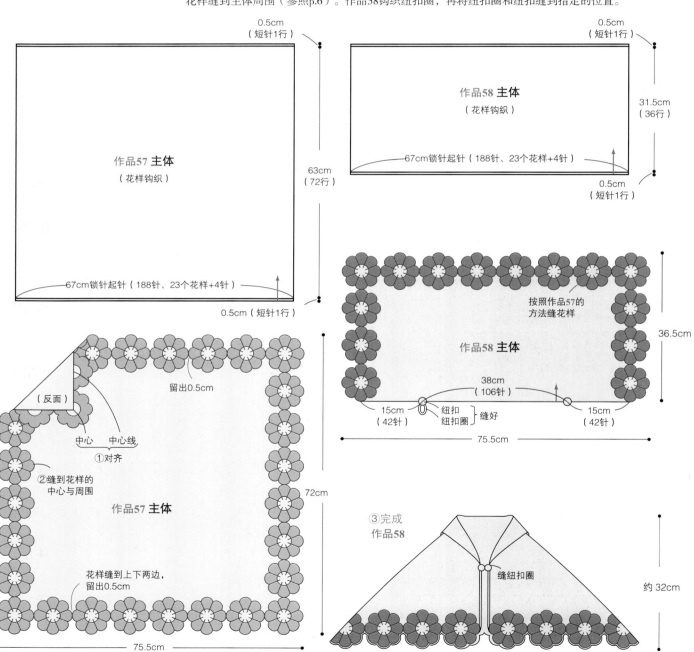

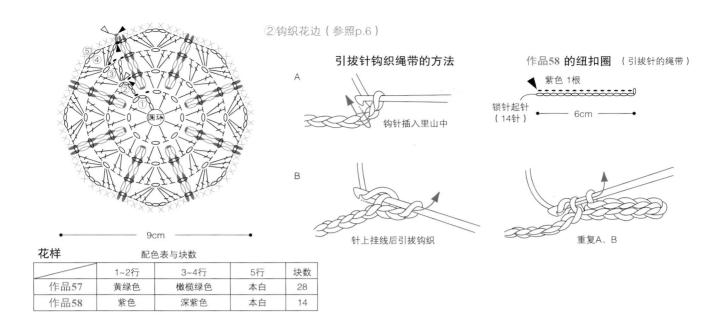

②钩织花边（参照p.6）

引拔针钩织绳带的方法

A 钩针插入里山中

B 针上挂线后引拔钩织

作品58 的纽扣圈（引拔针的绳带）

紫色1根

锁针起针（14针） 6cm

重复A、B

花样

配色表与块数	1~2行	3~4行	5行	块数
作品57	黄绿色	橄榄绿色	本白	28
作品58	紫色	深紫色	本白	14

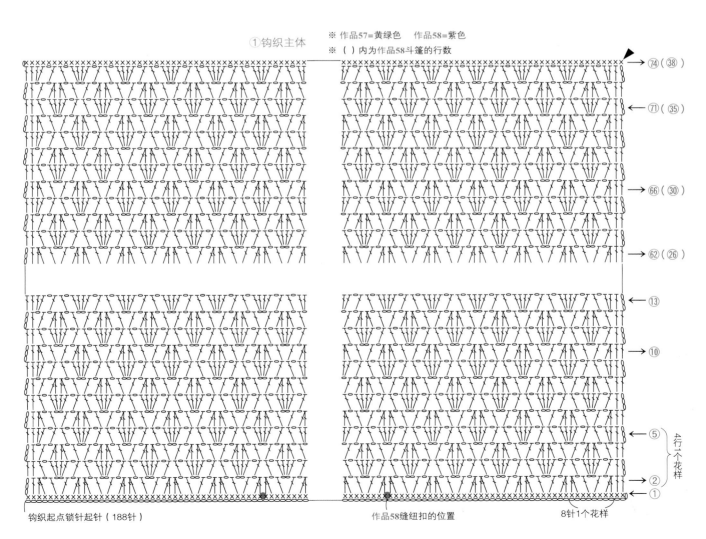

①钩织主体

※ 作品57=黄绿色　作品58=紫色
※ （）内为作品58斗篷的行数

⑦④（㊳）
⑦①（㉟）
㊅（㉚）
㊂（㉖）
⑬
⑩
⑤
②
①

4行一个花样

钩织起点锁针起针（188针）　　作品58缝纽扣的位置　　8针1个花样

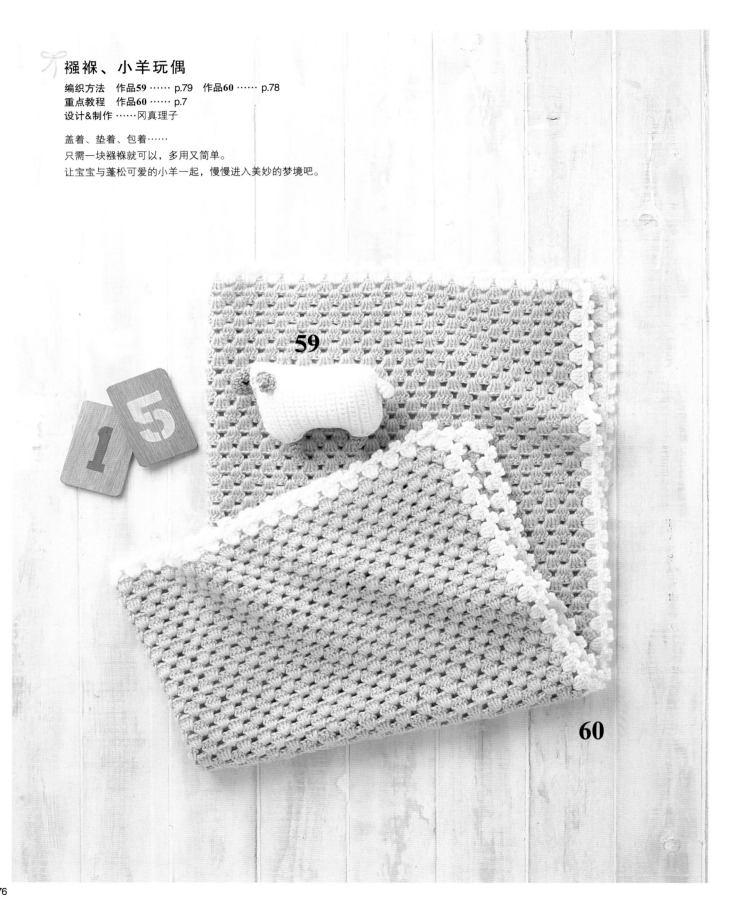

襁褓、小羊玩偶

编织方法　作品**59** ……… p.79　　作品**60** ……… p.78
重点教程　作品**60** ……… p.7
设计&制作 ……冈真理子

盖着、垫着、包着……
只需一块襁褓就可以，多用又简单。
让宝宝与蓬松可爱的小羊一起，慢慢进入美妙的梦境吧。

轻盈的襁褓中，
偷偷摸摸躲在里面的究竟是谁啊?

61

襁褓、小猪玩偶

编织方法　作品61⋯⋯ p.78　作品62⋯⋯p.71
重点教程　作品61、62 ⋯⋯ p.7
设计&制作 ⋯⋯ 冈真理子

62

香甜可口的草莓把小猪都吸引出来了。
用正、反两块织片即可缝出立体感。

· **作品60的材料**
Hamanaka 可爱宝贝
嫩绿色350g，本白60g
· **作品61的材料**
Hamanaka 可爱宝贝 本白355g，橙
色35g，粉色20g
· **作品63的材料**
Hamanaka 可爱宝贝 本白260g，淡
蓝色95g，黄绿色75g
· **作品65的材料**
Hamanaka 可爱宝贝 本白260g，粉
色95g，橙色75g
· **钩针**　6/0号
· **标准织片**
花样编织：18针×9行/10cm²
· **成品尺寸**
宽85cm，长85cm

· **编织方法**
① 编织主体
编织锁针143针起针，将锁针的里山
挑起编织第1行。作品60、61用一种
颜色，作品63、65重复编织5行宽的
条纹。花样编织第2行开始的4针长针
是将上一行长针与长针之间的部分成
束挑起后再编织（参照p.7）。

② 编织花边
接着主体的编织终点处从左右行间成束挑起针目，分
别用配色线编织。
※花边第1行的编织方法参照p.7。

配色表

	花样编织			花边编织	
	第1、2、5行	第3行	第4行	第1行	第2行
作品60	嫩绿色	嫩绿色	嫩绿色	本白	本白
作品61	本白	本白	本白	橙色	粉色
作品63	本白	黄绿色	淡蓝色	本白	淡蓝色
作品65	本白	橙色	粉色	本白	粉色

※花样编织部分作品60、61用一种颜色，作品63、65重复编织5行条纹花样。

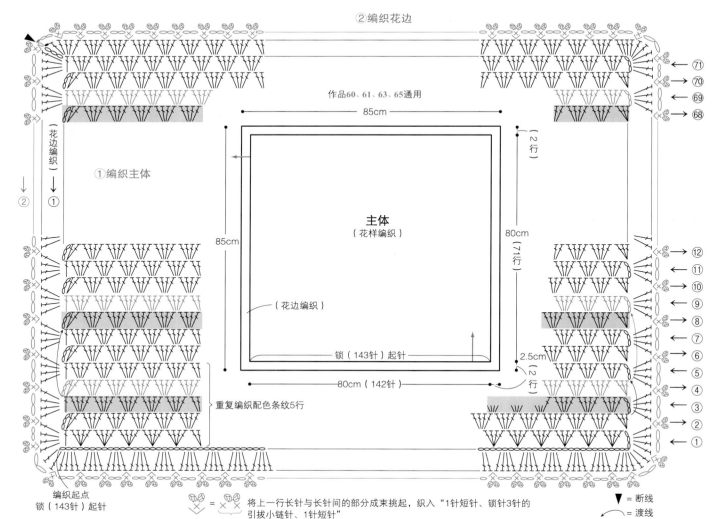

②编织花边

作品60、61、63、65通用

85cm

①编织主体

（花边编织）

（花边起点）

①

②

→⑦①

主体
（花样编织）

85cm

80cm
（7行）

（2行）

（花样编织）

锁（143针）起针

80cm（142针）

2.5cm
（2行）

重复编织配色条纹5行

← ⑦①
→ ⑦⓪
← ⑥⑨
→ ⑥⑧

→ ①②
← ①①
→ ①⓪
← ⑨
→ ⑧
← ⑦
→ ⑥
← ⑤
→ ④
← ③
→ ②
← ①

编织起点
锁（143针）起针

＝ 将上一行长针与长针间的部分成束挑起，织入"1针短针、锁针3针的
引拔小链针、1针短针"
※在第1针小链针的同一位置引拔编织第2针小链针。

▼＝断线
＝渡线

· **材料**
　Hamanaka 可爱宝贝 本白20g、茶色5g
　Hamanaka 4PLY 黑色少许
　Hamanaka 有机棉10g
· **针**　5/0号
· **成品尺寸**　参照图示

· **编织方法**
① 编织躯干
　左侧、右侧均是编织10针锁针起针，再无加减针编织25行，接着看着正面继续编织1行花边。
② 编织脸部、腿部、犄角、尾巴
③ 完成
　脸部、腿部夹到左右躯干间，塞入有机棉，缝合（参照p.7）。

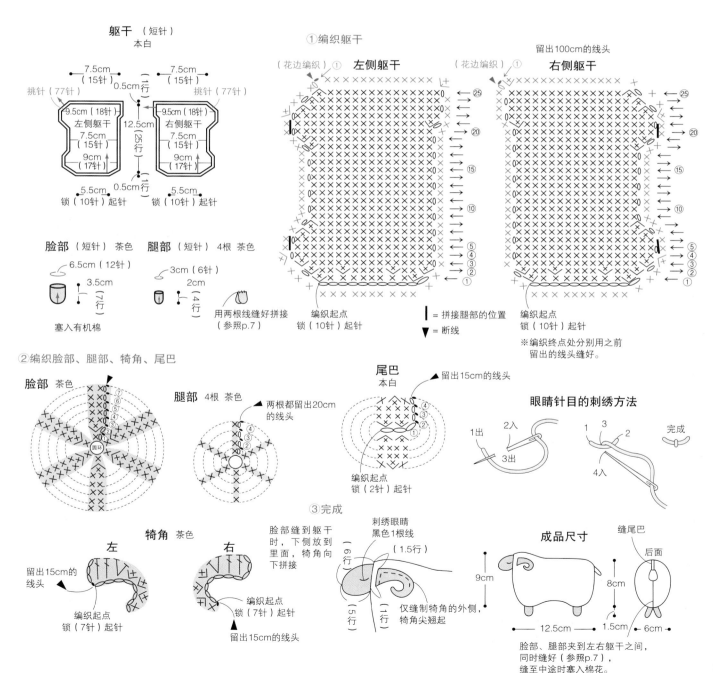

条纹图案的襁褓中，
偷偷摸摸躲在里面的，
究竟是什么啊?

63

襁褓、汽车玩偶

编织方法　作品63、65…… p.78　64…… p.87
重点教程　作品63、64、65…… p.7
设计&制作 …… 冈真理子

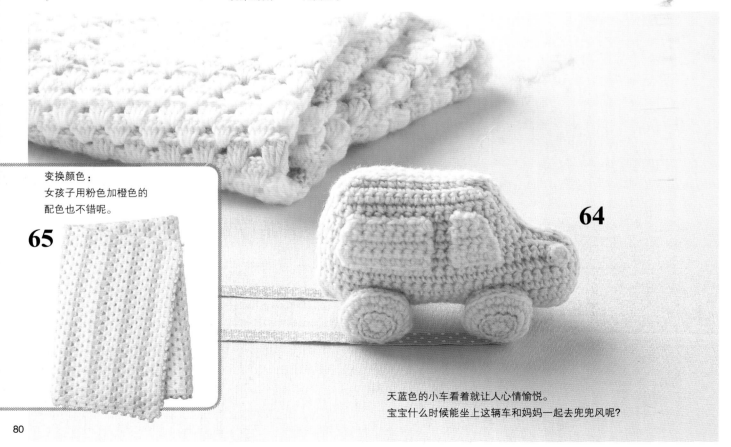

变换颜色：
女孩子用粉色加橙色的
配色也不错呢。

65

64

天蓝色的小车看着就让人心情愉悦。
宝宝什么时候能坐上这辆车和妈妈一起去兜兜风呢?

66

小熊襁褓

编织方法 ⋯⋯ p.82、83
设计 ⋯⋯ 河合真弓　制作 ⋯⋯ 松尾由纪子

轻柔舒适的织片给宝宝最温暖的呵护。
和小熊一起午休、一起外出吧。

- **材料**
  Hamanaka可爱宝贝本白265g，茶色160g
  Hamanaka Tree Fly焦茶色少许
  宽1.2cm的丝带36cm
- **钩针**　5/0号
- **标准织片**
  花样钩织20针×12行/10cm²
- **成品尺寸**　参照图示

- **钩织方法**
  ① 钩织主体
  用本白钩织157针锁针，参照图示用花样的配色条纹（本白×茶色）无加减针钩织95行。主体周围用茶色钩织花边进行调整。
  ② 钩织嵌入花样，缝到主体上
  头部、鼻子各钩织1块，耳朵钩织2块。参照拼接方法图，将耳朵卷缝到脸部，鼻子中间塞入同色线，缝到脸部的指定位置。眼睛、眉毛、鼻子、嘴巴用指定的线进行刺绣。
  ③ 缝蝴蝶结，完成
  嵌花缝到主体。参照图示制作蝴蝶结，缝到主体上。

② 钩织嵌入花样，缝到主体上

脸部 茶色　　　　　　　　　　※织片的反面用作正面

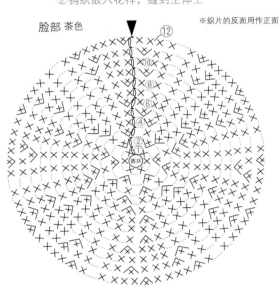
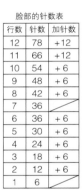

脸部的针数表		
行数	针数	加针数
12	78	+12
11	66	+12
10	54	+6
9	48	+6
8	42	+6
7	36	
6	36	+6
5	30	+6
4	24	+6
3	18	+6
2	12	+6
1	6	

耳朵 茶色 2块　　　　24针

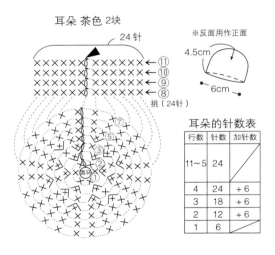

※反面用作正面
4.5cm　6cm

耳朵的针数表		
行数	针数	加针数
11～5	24	
4	24	+6
3	18	+6
2	12	+6
1	6	

鼻子 茶色

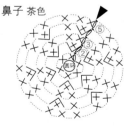

鼻子的针数表		
行数	针数	加针数
5	18	
4	18	+6
3	12	
2	12	+6
1	6	

※反面用作正面
3.5cm　2cm

嵌花的拼接方法　　※脸部、耳朵、鼻子部分按照图示方法拼接。

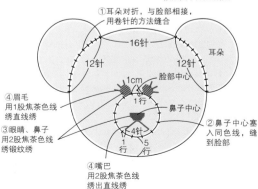

① 耳朵对折，与脸部相接，用卷针的方法缝合
16针　　耳朵
12针　　12针
④ 眉毛用1股焦茶色线绣直线绣
1cm　脸部中心
1行　鼻子中心
③ 眼睛、鼻子用2股焦茶色线绣锻纹绣
4针　1行　5行
② 鼻子中心塞入同色线，缝到脸部
④ 嘴巴用2股焦茶色线绣出直线绣

③ 缝蝴蝶结，完成
针目的刺绣方法

直线绣
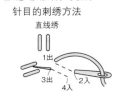
1出　3出　4入　2入

锻纹绣

3出　1出　2入

丝带的打结方法
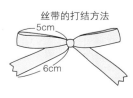
5cm　6cm

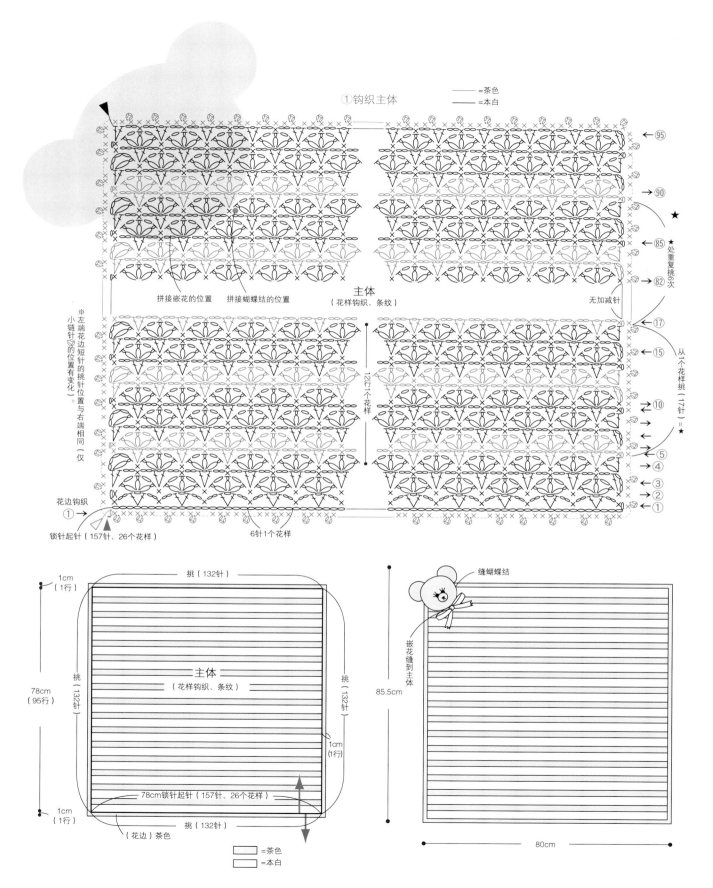

①钩织主体
—— =茶色
—— =本白

主体
（花样钩织、条纹）

拼接嵌花的位置　拼接蝴蝶结的位置

12行1个花样

6针1个花样

无加减针

★处重复挑6次

从1个花样挑（17针）＝★

花边钩织
①→
锁针起针（157针、26个花样）

←95
→90
★
←85
→82
←17
←15
→10
←5
→4
←3
←2
←1

※左端花边短针的挑针位置与右端相同（仅小链针♡的位置有变化）。

挑（132针）

1cm（1行）

78cm（95行）

挑（132针）

挑（132针）

主体
（花样钩织、条纹）

1cm（1行）

78cm锁针起针（157针、26个花样）

1cm（1行）

挑（132针）

（花边）茶色

□=茶色
□=本白

缝蝴蝶结

嵌花缝到主体

85.5cm

80cm

83

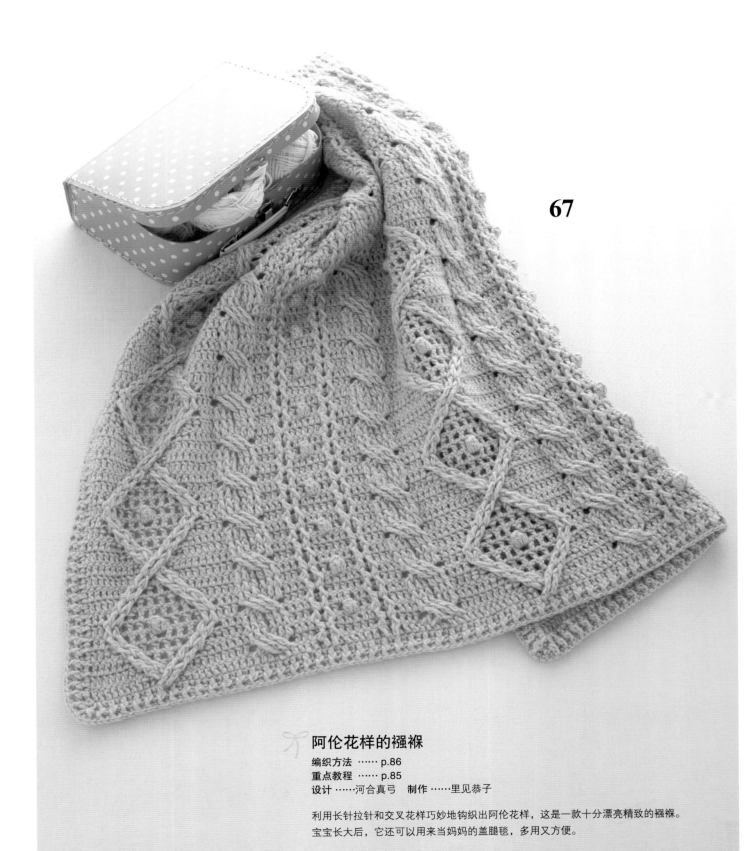

67

阿伦花样的襁褓

编织方法 …… p.86
重点教程 …… p.85
设计 ……河合真弓　制作 ……里见恭子

利用长针拉针和交叉花样巧妙地钩织出阿伦花样，这是一款十分漂亮精致的襁褓。
宝宝长大后，它还可以用来当妈妈的盖腿毯，多用又方便。

重点教程

67

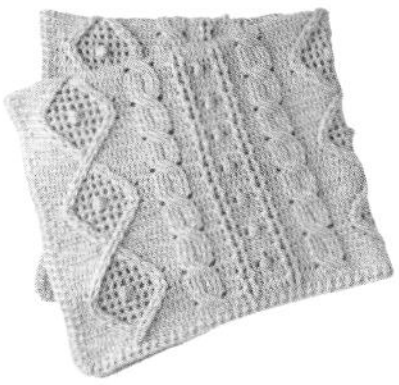

襁褓

编织方法 …… p.86

三卷长针正拉针的右上3针交叉（中心织入1针长针）

※交叉钩织的针数不同，注意是正拉针还是反拉针，按照指定记号钩织即可。

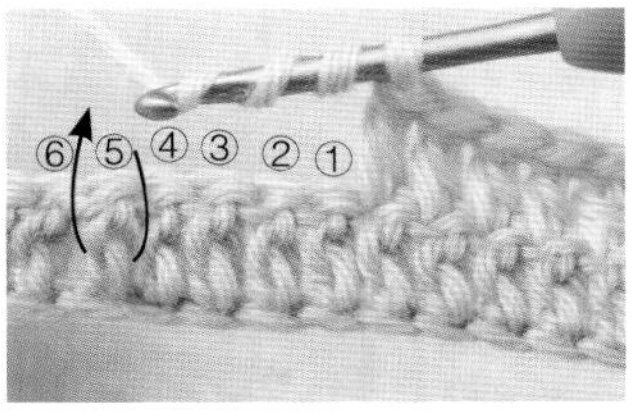

1. 线在针上缠3圈，按照箭头所示将⑤所示的针目挑起，钩织三卷长针。

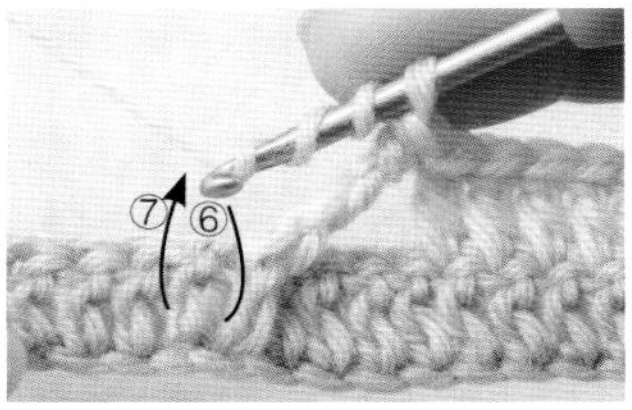

2. 然后再在⑥、⑦的针目中分别钩织三卷长针。

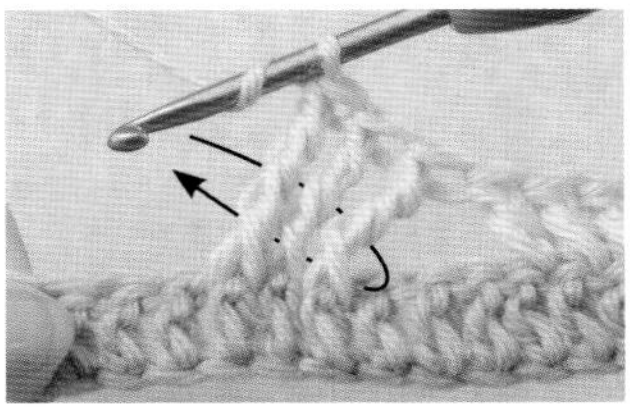

3. 从数字⑤、⑥、⑦中钩织的针目后方将④的针目挑起，再织入1针长针。

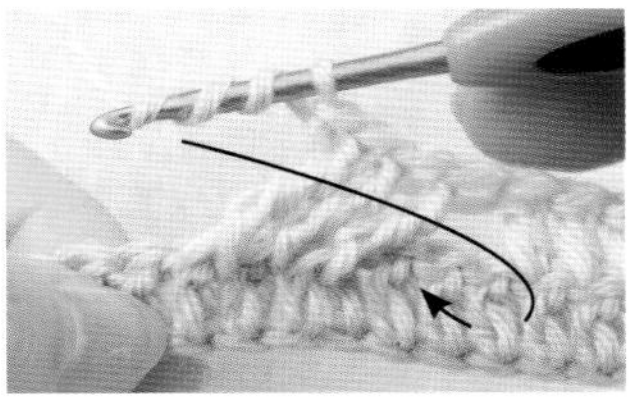

4. 按脚箭头所示将①的针目挑起，钩织三卷长针。

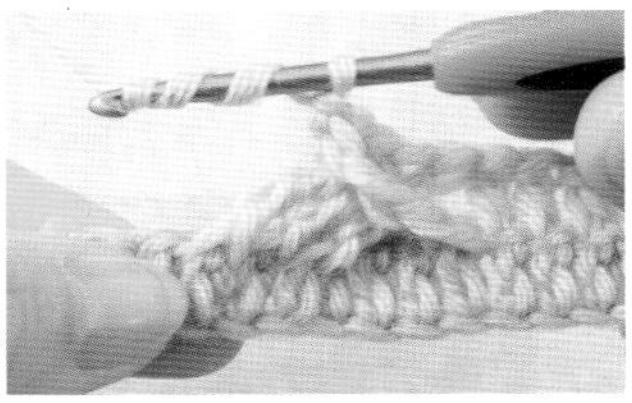

5. 在④~⑦钩织完成的针目上侧织入①的针目。

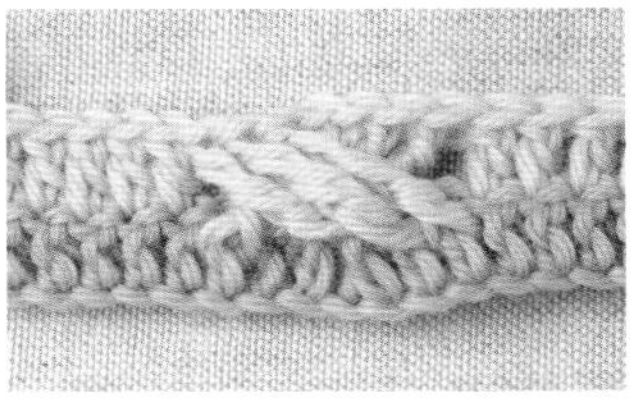

6. 接着依次在②、③处织入三卷长针。

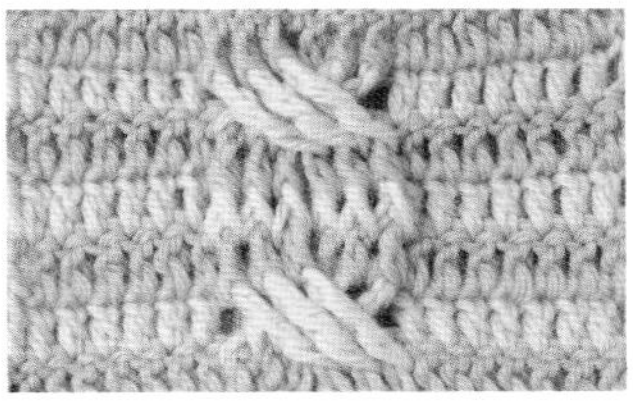

7. 钩织至第7行后如图。注意针目的走向。

看着反面钩织长长针正拉针左上2针交叉（中心织入1针长针）的方法

（参照记号图）

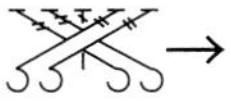

※由于是看着反面钩织，所以长长针正拉针织入的是长长针的反拉针。

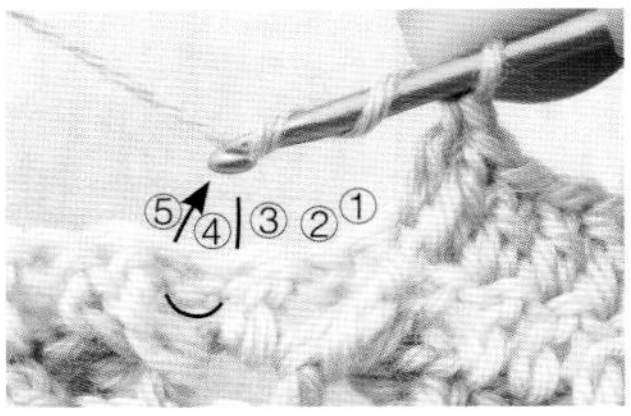

1. 按照⑤、④、③、②、①的顺序钩织。然后如箭头所示在数字4处织入长长针的反拉针。

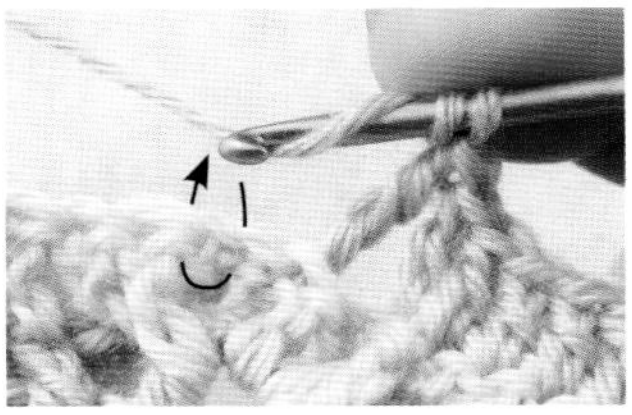

2. ④的针目钩织完成后如图。接着按照同样的方法钩织⑤的针目。

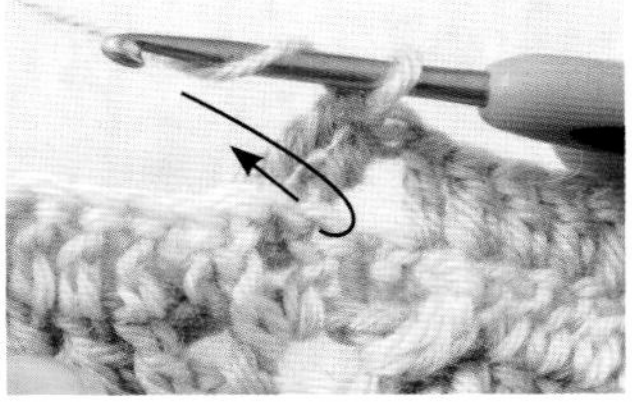

3. 在③的针目中钩织长针。

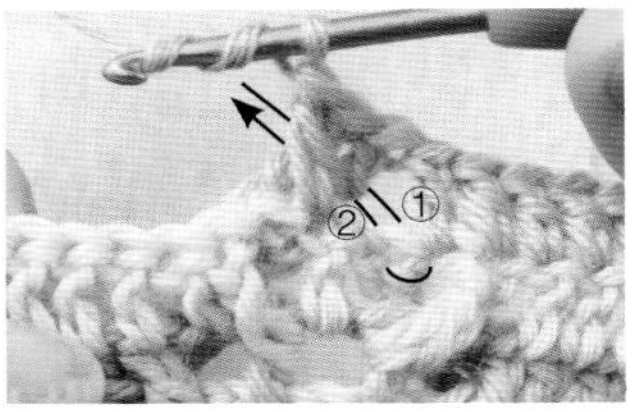

4. 中心织入1针长针后如图。然后分别在①、②的针目中织入长长针的反拉针。

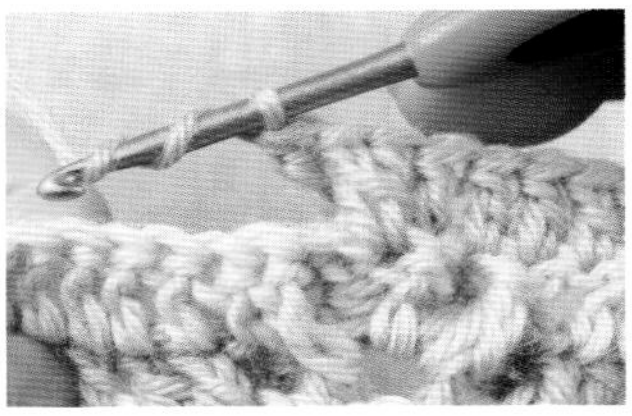

5. 长长针正拉针左上2针交叉（中心1针长针）钩织完成后如图。

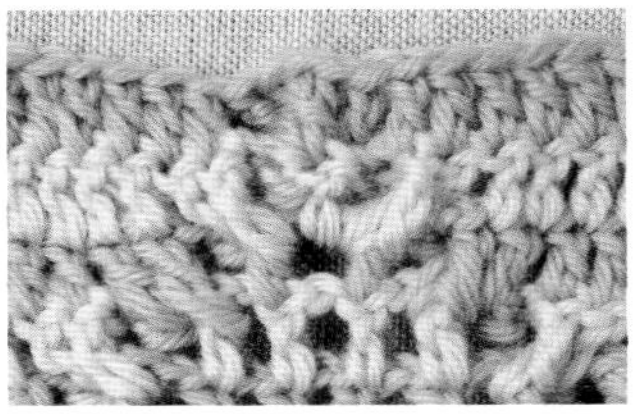

6. 确认针目的走向。

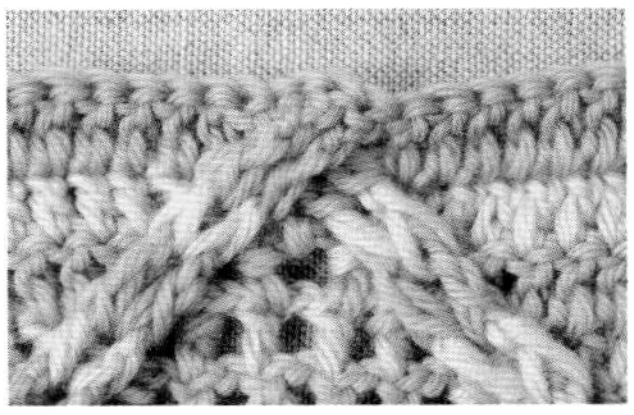

7. 从正面看的样子如图。

・材料
奥林巴斯 Make Make Flavor
驼色395g

・钩针　5/0号

・标准织片
花样A：27针=15cm；
花样B：33针=19cm；
A、B均约7.3行=10cm

・成品尺寸　87cm×87cm
・钩织方法
① 钩织主体
织入锁针147针，花样A、B

相互交替配置，无加减针钩织61行。（参照p.53、85）
② 钩织花边
周围钩织2行花边。

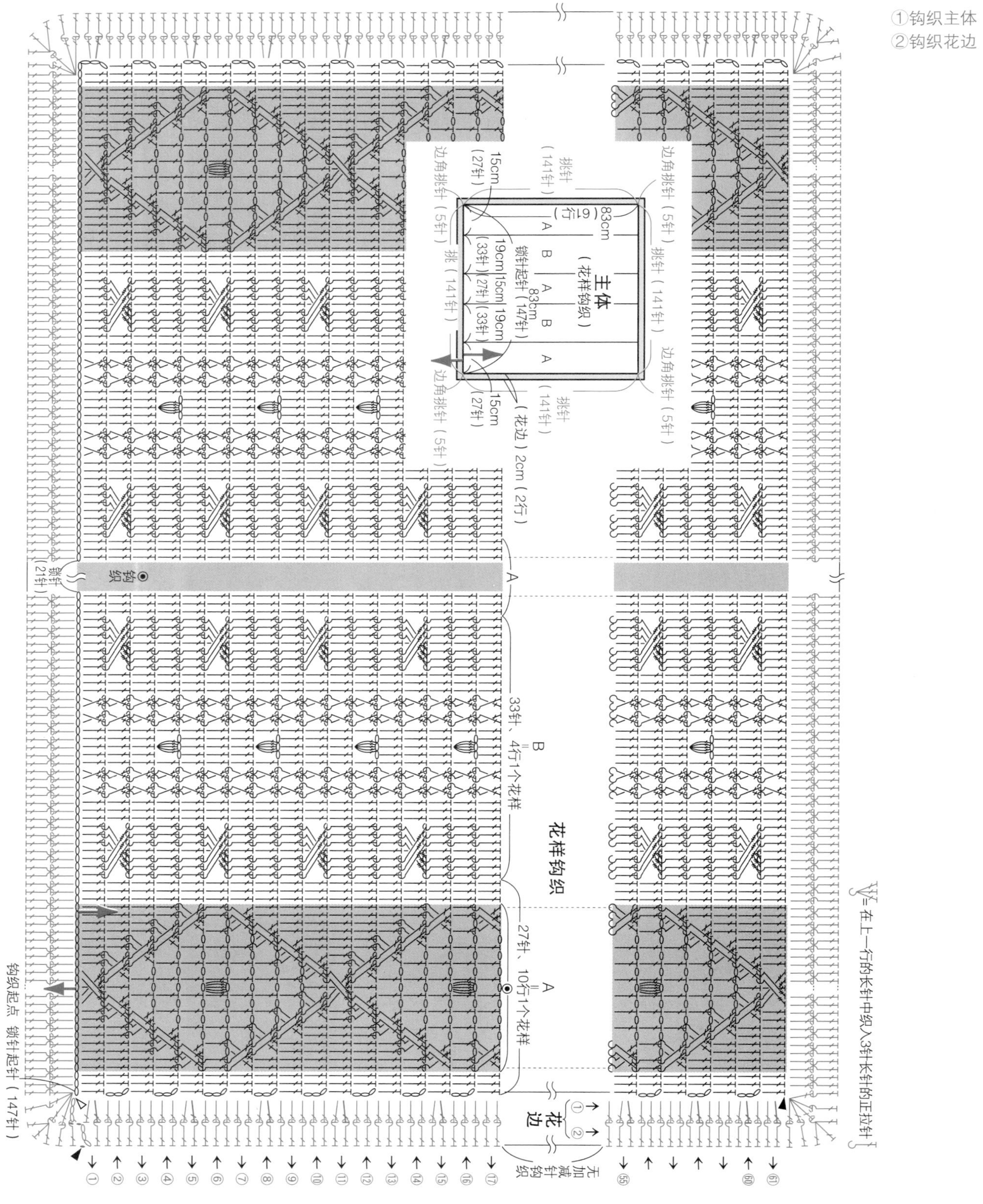

①钩织主体
②钩织花边

86

・**材料**
Hamanaka 可爱宝贝
淡蓝色20g，黄色10g，
黄绿色5g
Hamanaka 有机棉11g
・**钩针**　5/0号
・**成品尺寸**　参照图示

・**编织方法**
① 编织车体
左侧、右侧均编织27针锁针起针，中途减针，同时编织17行。接着车体看着正面继续编织1行花边。
② 编织车窗、车轮、车灯
③ 完成
左右车体中塞入有机棉，同时缝好（参照p.7）。将车轮、车窗、车灯缝到车体上。

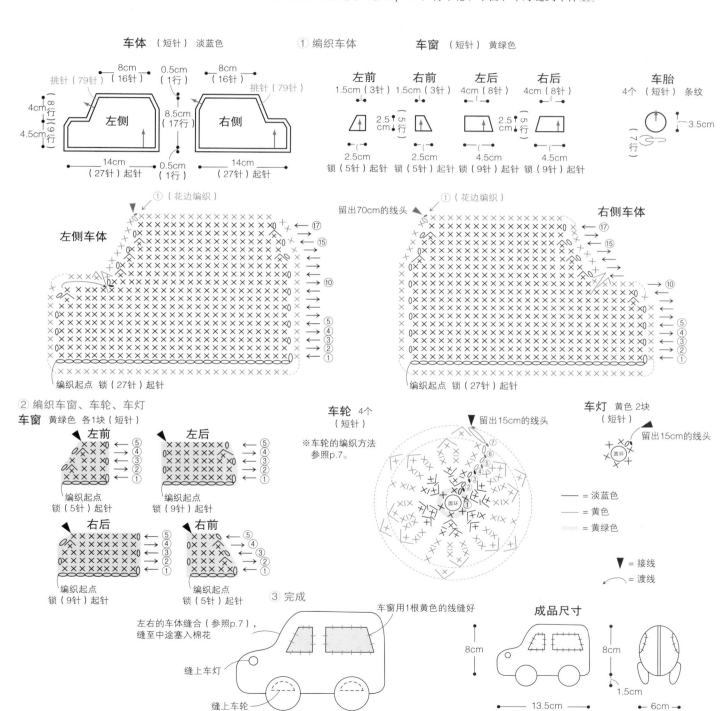

车体（短针）淡蓝色　　① 编织车体　　**车窗**（短针）黄绿色

左侧　右侧

② 编织车窗、车轮、车灯
车窗 黄绿色 各1块（短针）

车轮 4个（短针）
※车轮的编织方法参照p.7。

车灯 黄色 2块（短针）

— = 淡蓝色
— = 黄色
— = 黄绿色

▼ = 接线
⤺ = 渡线

③ 完成
左右的车体缝合（参照p.7），缝至中途塞入棉花
车窗用1根黄色的线缝好
缝上车灯
缝上车轮

成品尺寸
8cm　8cm　1.5cm
13.5cm　6cm

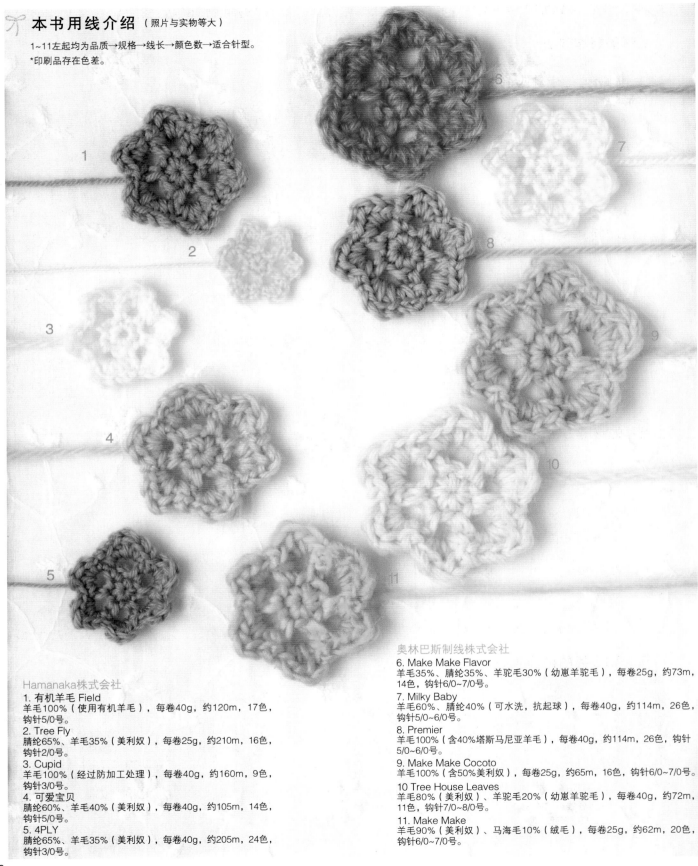

本书用线介绍（照片与实物等大）

1~11左起均为品质→规格→线长→颜色数→适合针型。
*印刷品存在色差。

Hamanaka株式会社

1. 有机羊毛 Field
羊毛100%（使用有机羊毛），每卷40g，约120m，17色，
钩针5/0号。

2. Tree Fly
腈纶65%、羊毛35%（美利奴），每卷25g，约210m，16色，
钩针2/0号。

3. Cupid
羊毛100%（经过防加工处理），每卷40g，约160m，9色，
钩针3/0号。

4. 可爱宝贝
腈纶60%、羊毛40%（美利奴），每卷40g，约105m，14色，
钩针5/0号。

5. 4PLY
腈纶65%、羊毛35%（美利奴），每卷40g，约205m，24色，
钩针3/0号。

奥林巴斯制线株式会社

6. Make Make Flavor
羊毛35%、腈纶35%、羊驼毛30%（幼崽羊驼毛），每卷25g，约73m，
14色，钩针6/0~7/0号。

7. Milky Baby
羊毛60%、腈纶40%（可水洗，抗起球），每卷40g，约114m，26色，
钩针5/0~6/0号。

8. Premier
羊毛100%（含40%塔斯马尼亚羊毛），每卷40g，约114m，26色，钩针
5/0~6/0号。

9. Make Make Cocoto
羊毛100%（含50%美利奴），每卷25g，约65m，16色，钩针6/0~7/0号。

10 Tree House Leaves
羊毛80%（美利奴）、羊驼毛20%（幼崽羊驼毛），每卷40g，约72m，
11色，钩针7/0~8/0号。

11. Make Make
羊毛90%（美利奴）、马海毛10%（绒毛），每卷25g，约62m，20色，
钩针6/0~7/0号。

基础教程

🎀 绒球的制作方法

*此处以缠1股线的方法为例进行解说。

指定宽度

1. 在厚纸中心剪出切口，制作底板，用指定股数的线缠指定的圈数。

2. 在切口处打结，缠2次，中心收紧打2次结。

3. 两端用剪刀修剪，从底板上取下编织线。

4. 修剪顶端，整理形状，让绒球呈圆球形。

🎀 用绒球器制作绒球的方法

1. 从顶端将1股线缠在两根轴上，缠紧。另一侧也按同样的方法缠好。

2. 沿中间的缝隙用剪刀剪开缠好的编织线。

3. 从中用缝纫线等较为结实的线缠两圈，打2次结。

4. 从绒球器上取下绒球，用剪刀修剪。

🎀 织片的订缝方法、卷针订缝

1. 织片的顶端对齐重叠，在最终行的2根横线处逐一将每针挑起，订缝。

2. 两端各挑1针，来回穿2次，缝紧。

3. 从第2针开始，按照步骤1的要领仔细地各挑1针。注意不要织太紧。

重点教程

🎀 手套弹性线的拼接方法（作品 2、4、8）

1. 织片的反面置于内侧，将钩针插入拼接弹性线行间的尾针2根线处，然后按引拔针的要领钩织。

2. 下面的针目按照步骤1的方法，将钩针插入尾针的2根线中，按照引拔针的要领钩织。

3. 引拔钩织弹性线时不要太紧，注意松紧适度，同时继续钩织引拔针。

4. 往前钩织时，注意不要错行。

重点教程

 11   **13**   **18**

小兔子、小猫、小熊
编织方法 …… p.22–23
·图片以作品**13**为例进行解说。

※ 要将长条状的织片钩织成圆筒状时，需要采用针目不会拧扭、简单方便的钩织方法。掌握此方法后，钩织会更容易。

躯干的钩织方法、起针（锁针）钩织成圆环的方法

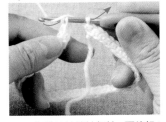

1. 钩织40针锁针起针。再钩织1针锁针起针，在所有起针中织入40针短针（第1行）。钩织完最后的针目后，将钩针插入最初短针的头针（横线2根线）中，挂线后引拔抽出。

2. 短针部分是相连的，起针的锁针部分则是断开的。

3. 保持步骤2的状态，按记号图继续钩织。

4. 躯干的第21行钩织完成后如图。

5. 在步骤2中断开的起针锁针处，将剩余的线头穿入缝纫针中，再按图片所示穿线、相连。

下肢凹痕的制作方法

1. 腿部塞入填充棉，第6行与第9行的短针分别按上、下、上、下的顺序交替挑起，穿入线。

2. 上下各10针，穿入线后向左右两侧拉紧线。

躯干与下肢相连的方法

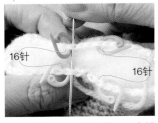

16针   16针

1. 躯体中塞入填充棉，左右腿部的拼接位置各需留出16针，要做好标记。

2. 中央的4针与4针相接，卷针订缝（参照p.89）。

3. 躯干的16针与腿部的16针相接，用卷针订缝。

4. 连好下肢后，整理填充棉。再按同样的方法拼接另一侧的下肢。

完成

钩织各部分，按照指定的方法完成拼接，最后再绣出表情，缝上纽扣做眼睛。

重点教程

51 护耳针织帽

12-24 个月

编织方法 …… p.59

螺纹线绳的钩织方法

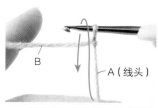

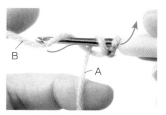

1. 留出长约为成品尺寸3倍的线头（A），钩织最初的1针（参照p.92），然后按照箭头所示将A线挂到针上。

2. 将B线挂到针上，按照箭头所示引拔抽出。引拔钩织完成后如图所示。

3. 按照步骤1的方法挂A线，按照步骤1的方法将B线挂到钩针上，再引拔钩织。

4. 重复步骤3，钩织指定的尺寸。终点处无需挂A线，仅将B线挂到针上，引拔抽出即可。

线穗的钩织方法

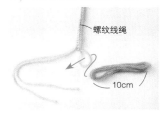

1. 将60cm的线折叠成10cm，6根重叠，再将另外钩织的螺纹线绳最后的针目展开，把重叠的线束穿入其中。

2. 拉动螺纹线绳的线头，收紧针目。

3. 再将螺纹线绳的顶端收紧打结。

4. 打结的1根线头留出0.8cm，之后缠好，再系紧打结。

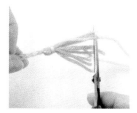

5. 线头穿入缝纫针中，藏到步骤4缠绕的编织线中。

6. 再次打结固定。

7. 整理形状，线头按照图示方法藏好。

8. 修剪线头，保持长度一致。

9. 线穗完成。

钩针编织基础

❖ 记号图的看法

记号图由日本工业标准（JIS）规定，表示正面看到的效果。钩针编织中没有正面钩织与反面钩织的区别（挑针除外），正面、背面交替编织的平针也用完全相同的记号表示。

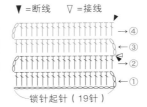

表示行数　表示行数
⑥④②
⑤①③
▲ ＝断线

从中心开始环形编织

在中心处做环（或者锁针针目），像画圆一样逐行钩织。每行以起立针开始织。通常情况下是正面向上，看着记号图由右向左织。

▲＝断线　▽＝接线

→④
←③
→②
←①

锁针起针（19针）

织平针时

特点是左右两边都有起立针，右侧织好起立针将正面向上，看着记号图由右向左织。左侧织好起立针背面向上，看着记号图由左向右织。

❖ 锁针的看法

正面

反面
里山

锁针有正反面之分，位于反面中心的一根线叫作"里山"。

❖ 线和针的持法

1. 将线从左手小指和无名指间穿过，绕到食指上后将线头拉出。

2. 用拇指和中指持线头，挑起食指拉直毛线。

3. 用拇指和食指持针，中指轻轻放到针头处。

❖ 起针的方法

1. 从毛线内侧插入钩针，旋转针头。

2. 在针尖挂线。

3. 钩针从线圈中心穿过，将线拉出。

4. 拉动线头，收紧针目，起针完成。这不算作1针。

❖ 起针

中心

从中心开始环形编织时（用线头制作圆环）

1. 将线在左手食指上绕两圈，使之成环状。

2. 从手指上脱下已缠好的线圈，将针穿过线圈，把线钩到前面。

3. 在针上挂线，将线拉出，钩织起立针的锁针。

4. 织第1行，在线圈中心入针，织出需要的针数。

5. 将针抽出，将最开始的线圈的线和线头抽出，收紧线圈。

6. 在第1行结束时，在最开始的短针开头入针，将线拉出。

⑥

从中心开始环形编织时（用锁针制作圆环）

1. 编织必要针数的锁针，从起针的半针锁针处入针，引拔穿过。

2. 针上挂线，将线拉出，织起立的锁针。

3. 织第1行，在线圈中编织1个锁针。在锁针圈中入针，编织必要的针数。

4. 在第1行结束时，在最初的短针里入针，将线拉出。

平针编织时

立起的1针锁针

1. 编织必要针数的锁针和起针的锁针，从第2针的锁针位置入针。

2. 针上挂线，将线拉出。

3. 第1行编织完成。（立起的1针锁针不算1针。）

92

✤ 上一行针目的入针方法

即使是同样的枣形针，根据记号图的不同，挑针的方法也会不同。记号图的下方封闭时表示在上一行的同一针中钩织，记号图的下方开合时表示将上一行的锁针成束挑起钩织。

 在同一针目中钩织

 将锁针成束挑起后钩织

✤ 钩针符号

⬭ 锁针

1. 钩织起针，按箭头方向移动钩针。

2. 针上挂线拉出线圈。

3. 重复相同动作。

4. 5针锁针完成。

⬬ 引拔针

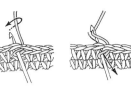

1. 在前一行插入钩针。

2. 针上挂线。

3. 一次性引拔抽出线。

4. 1针引拔针完成。

✕ 短针

1. 在前一行插入钩针。

2. 针上挂线，将线拉到前面。

3. 针上挂线，一次性引拔穿过2个线圈。

4. 完成。

┳ 中长针

1. 针上挂线后，把针插入前一行。

2. 再次针上挂线，把线圈抽出。

3. 针上挂线，一次性引拔穿过3个线圈。

4. 1针中长针完成。

╪ 长针

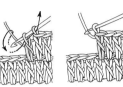

1. 针上挂线后把针插入前一行，再在针上挂线，把线圈抽出。

2. 按箭头所指方向，针上挂线后引拔穿过2个线圈。

3. 再次针上挂线，引拔穿过剩下的2个线圈。

4. 完成1针长针。

╪ 长长针

1. 将线在钩针上绕2圈，把针插进上一行的针目中，再在针尖挂线，从内侧引拔穿过线圈。

2. 针上挂线，按照箭头指示的方向引拔穿过2个线圈。

3. 再按上述步骤重复2次。

4. 长长针完成。

短针2针并1针

1. 按照箭头所示，将钩针插入上一行的1个针目中，引拔穿过线圈。

2. 下一针也按同样的方法引拔穿过线圈。

3. 针尖挂线，引拔穿过3个线圈。

4. 短针2针并1针完成。比上一行少1针。

 短针1针分2针

1. 钩织1针短针。

2. 钩针插入同一针目中，从内侧引拔抽出线圈。

3. 针尖挂线，一次性引拔穿过2个线圈。

4. 在上一行的1个针目中织入2针短针，比上一行多1针。

 短针1针分3针

1. 钩织1针短针。

2. 在同一针目中再钩织1针短针。

3. 在1个针目中织入2针短针后如图。接着在同一针目中再织入1针短针。

4. 1个针目中织入了3针短针后如图。与上一行相比多了2针。

 锁针3针的引拔小链针

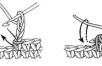

1. 钩织3针锁针。

2. 钩针插入锁针的头半针和尾针一根线中。

3. 针尖挂线，一次性引拔穿过3个线圈。

4. 完成引拔小链针。

 长针2针并1针

1. 在上一行的针目中钩织1针未完成的长针，然后按照箭头所示，将钩针插入下一针目中，再引拔抽出线。

2. 针尖挂线，引拔穿过2个线圈，钩织出第2针未完成的长针。

3. 再次在针尖挂线，一次性引拔穿过3个线圈。

4. 长针2针并1针完成，比上一行少1针。

 长针1针分2针

1. 钩织完1针长针后，在同一针目中再钩织1针长针。

2. 针尖挂线，引拔穿过2个线圈。

3. 再在针尖挂线，引拔穿过剩下的2个线圈。

4. 1个针目中织入了2针长针，比上一行多1针。

 短针的条针 ※每行朝同一方向编织。

1. 看着每行的正面钩织。钩织一圈短针后在最初的针目中引拔钩织。

2. 钩织1针立起的锁针，然后将上一行的外侧的半针挑起，织入短针。

3. 按照步骤2的要领重复，继续钩织短针。

4. 上一行的内侧半针留出条纹状的针目。钩织完第3行短针的条针后如图。

 短针的棱针 ※每行都重复编织。

1. 按照箭头所示，钩针插入上一行针目外侧的半针中。

2. 钩织短针，下面的针目也按同样的方法将钩针插入外侧的半针中。

3. 钩织至顶端后，变换织片的方向。

4. 按照步骤1、2的方法，将钩针插入外侧的半针中，织入短针。

中长针2针的变化枣形针

1. 钩针插入上一行的针目中，编织2针未完成的中长针。

2. 针尖挂线，按照箭头所示引拔编织4个线圈。

3. 再次在针尖挂线，一次性穿过剩余的2个线圈。

4. 中长针2针的变化枣形针完成。

 中长针3针的变化枣形针

  中长针4针的变化枣形针
*括号内表示编织中长针4针的变化枣形针的情况。

1. 钩针插入上一行的针目中，织入未完成的3针（4针）中长针（参照p.93）。

2. 针尖挂线，先引拔抽出6个线圈（8个线圈）。

3. 然后再在针上挂线，引拔穿过剩下的2个线圈。

4. 中长针3针的变化枣形针完成。

 长针3针的枣形针

1. 在上一行的针目中，钩织1针未完成的长针（参照p.93）。

2. 在同一针目中插入钩针，再织入2针未完成的长针。

3. 针尖挂线，一次性引拔穿过4个线圈。

4. 完成长针3针的枣形针。

 长针5针的爆米花针

1. 在上一行的同一针目中织入5针长针。然后暂时取出钩针，再按箭头所示插入。

2. 线圈从内侧直接引拔抽出。

3. 钩织1针锁针，拉紧。

4. 完成长针5针的爆米花针。

 长针的正拉针

1. 针尖挂线，按照箭头所示从反面将钩针插入上一行长针的尾针中。

2. 针尖挂线，引拔抽出，引拔穿过2个线圈。

3. 再次在针尖挂线，编织长针。

4. 长针的正拉针完成。

 长针的正拉针

1. 针尖挂线，按照箭头所示从反面将钩针插入上一行长针的尾针中。

2. 针尖挂线，引拔抽出，引拔穿过2个线圈。

3. 再次在针尖挂线，编织长针。

4. 长针的正拉针完成。

 刺绣的基础

缎纹绣

直线绣

法式结粒绣

Y字型绣

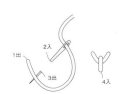

95

图书在版编目（CIP）数据

亲亲宝贝装精选集 / 日本美创出版社编著；何凝一译. —— 青岛：青岛出版社，2016.9
ISBN 978-7-5552-4436-3

Ⅰ.①亲… Ⅱ.①日… ②何… Ⅲ.①童服 – 毛衣 – 钩针 – 编织 – 图集 Ⅳ.①TS941.763.1–64
中国版本图书馆CIP数据核字(2016)第243547号

TITLE：[1週間でカンタン！かぎ針で編む ベビーのおくるみ&こもののベストセレクション]
BY：[E&G CREATES CO.,LTD.]
Copyright © E&G CREATES CO.,LTD., 2014
Original Japanese language edition published by E&G CREATES CO.,LTD.
All rights reserved. No part of this book may be reproduced in any form without the written permission of the
publisher.
Chinese translation rights arranged with E&G CREATES CO.,LTD.
Tokyo through Nippon Shuppan Hanbai Inc.

亲亲宝贝装精选集
日本美创出版社　编著　　何凝一　译

策划制作：	北京书锦缘咨询有限公司（www.booklink.com.cn）
总 策 划：	陈　庆
策　　划：	邵嘉瑜
设计制作：	王　青

出版发行	青岛出版社
社　　址	青岛市海尔路 182 号（266061）
本社网址	http://www.qdpub.com
邮购电话	13335059110　0532-85814750（传真）　0532-68068026
责任编辑	曲　静
印　　刷	天津市蓟县宏图印务有限公司
出版日期	2017 年 1 月第 1 版　2017 年 1 月第 1 次印刷
开　　本	16 开（889mm×1194mm）
印　　张	6
字　　数	90 千
图　　数	535 幅
印　　数	1~4000
书　　号	ISBN 978-7-5552-4436-3
定　　价	38.00 元

编校质量、盗版监督服务电话　4006532017